KB265375

혼자
떠나도
괜찮을까?

글·그림 황가람
혼자
떠나도
괜찮을까?
시공사

일시불로 질러버린
세계일주

다이어트를 하려고 십오 킬로그램을 감량한 친구에게 팁을 물어보니 고개를 절레절레 젓는다.

"너는 안 돼."

"왜?"

"변하는 거, 못하잖아."

생각해보니 정말 그랬다. 대학교 일학년 첫 시험 기간, 대학생의 미덕은 학사 경고에 있는 게 아니냐며 동기들과 술만 퍼마시고 놀았다. 나는 앞장서서 소리쳤다.

"학창 시절 성적에 벌벌 떨던 모범생의 삶을 불태워버리자!"

그러나 막상 시험 전날이 되니 덜컥 걱정이 앞섰다. 밤새도록 공부해서 간신히 학사 경고는 면했으나 부끄러웠다. 사람이 한번 마음을 먹었으면 응당 학사 경고를 먹어야지. 지레 겁먹고 밤새우는 꼴이라니.

시험이 끝나고 촌티를 벗으려 고민하다 겨우 떠올린 게 클럽을 다니기로 마음먹은 것이다. 아는 언니가 간다기에 졸졸 따라갔다. 멋지게 몸을 흔들고 싶었으나 손발이 따로 놀았다.

"언니 어떡해야 해요?"

언니가 혀 꼬인 목소리로 답했다.

"여기서능, 남의 눈을 신경 쓰지 안눈 사람이 젤루 멋쨍이야!"

아, 애석하게도 나는 남의 눈이 신경 쓰였다. 클럽 다니는 일을 그만두었다.

나에게 변화란 너무 어려운 일이었다. 한 번에 오케이 된 기획서 같은 인생을 사는 사람들이 있다. 또 매번 내기만 하면 퇴짜 맞는 보고서 같은 인생을 사는 사람들도 있다. 그러나 마지막에 승인만 받으면 두 경우 모두 성공 신화의 반열에 오르게 된다. 하나는 승승장구 인생으로, 또 하나는 역전의 명수로. 그런데 내 인생은 그렇지 않았다. 지극히 평범한 재미없는 오르막길이었다. 그저 적령기를 놓치지 않으려 아등바등했다.

대학 가라는 시기에 대학에 진학했고, 취업할 시기에 회사에 입사했다. 결혼할 시기가 왔을 때 식을 올렸다. 그 나이에 주어진 '숙제'만이 목표였다. 삶이란 누구에게나 으레 그런 것인 줄 알았다.

그렇게 이어 가던 내 일상이 한순간 깨졌다. 친정의 사업 실패. 불경기로 인해 투자금을 한 푼도 건질 수가 없었다고 한다. 나는 모든 힘을 다해 친정을 도왔다. 하지만 밑 빠진 독에 물 붓기였다. 애초에 그 일은 이제 막 사회에 진입한 직장인이 감당할 수 있는 무게가 아니었다. 시간이 흘러 친정의 상황은 간신히 수습됐다. 하지만 그와 함께 나에겐 '시큰둥' 병이 찾아왔다. '열심히 살아도 한순간에 모든 게 날아가버리는군.' '그렇다면 인생에서 남는 건 무엇이지.' 따위의 생각이 머리에서 맴돌았다.

나는 그저 열심히 돈을 벌고 계획을 세우기에 바빴다. 맛있는 것을 먹고 자동차를 사고 적금 들어 집도 사고……. 그러나 이제는 시큰둥했다. 한 끼 식사로 코스 요리를 먹든, 누구나 슬쩍 돌아볼 만한 비싼 차를 끌고 다니든, 내 소유의 커다란 집이 생기든. 그까짓 게 뭐라고. 앞으로 어떤 '숙제'를 하면서 살아야 하는지 알 수 없었다. 그저 다 시큰둥할 뿐.

이번에는 정말, 변화가 필요하다는 생각이 들었다.

"네 인생에 잠시 공백을 주는 건 어때?"

곁에서 지켜보던 남편이 말했다. 공백이라니. 평생 생각해보지도 않은 단어였다.

"공백이라니? 그 기간에 무엇을 해야 하는 거야?"

남편이 대꾸했다.

"공백은 아무 것도 하지 않아야 공백이야."

글쎄, 내가 공백을 누릴 자격이 있을까. 공백을 갖고 싶다고 말하면 이런 비난들이 쏟아질 것 같았다.

"청년 백수 백만인 시대에 이런 정신 나간 인간 같으니라고."

"누구나 그 정도의 고민은 가지고 살아."

"너 그렇게 죽도록 힘든 거 아니잖아?"

생각이 여기까지 미치자 나도 모르게 고개를 저었다. 그 모습을 쭉 지켜보던 남편이 말을 이었다.

"다른 사람은 신경 쓰지 마. 삶에 대한 맷집은 사람마다 다른 거야."

남편 말이 맞았다. 나는 이 순간에도 누군가에게 "그만하면 됐어." "이제 쉬어도 돼." "고생했어." 이런 말들을 듣기 위해 노력하고 있었다. 그래, 남에게 인정받기 위해 나를 혹사할 필요는 없지. 나는 곧장 실행에 옮겼다.

회사를 그만뒀다. 대신 서점으로 출퇴근했다. 한동안 책 한 권 못 읽던 일상을 보상받을 것처럼 말이다. 그러다 우연히 세계일주 여행기를 모아 놓은 코너와 마주쳤다. 나도 세계일주가 꿈이었지……. 서점이 문 닫을 때까지 여행기를 읽었다. 여행자들은 용감했다. 남의 시선을 의식하지 않았고 자신들의 결정을 오롯이 책임졌다.

지금까지 내 삶은 어딘가에 속해서 흘러가고 있었다. 학교, 가정, 직장이라는 울타리. 그것을 벗어나면 나는 어떤 모습이 될까? 가슴이 두근거렸다. 오랜만에 느껴보는 감정. 여행자들의 루트를 따라 함께 이동하다 보니 어느 순간인가 나는 여행 경비를 계산하고 있었다. 할 수 있을 것 같았다. 게다가 나는 '천하무적'이라는 퇴직금을 지닌 백수가 아닌가! 그래서 질러봤다.

"나 세계일주 가고 싶어."

남편은 순간 혼미해진 모습이었다. 그러나 단호하게 말했다.

"안 돼."

그는 여행을 떠나고 싶어 하는 마음은 이해했다. 다만 여행지에서의 안전이 문제였다. 간만에 들어왔던 생기가 빠져나가려 했다.

그로부터 일주일쯤 지났을까? 남편이 다시 말을 꺼냈다. 최대한 안전하게 계획을 세워보라고, 조금이라도 허술하면 동의해줄 수 없다고. 그 뒤로는 속전속결이었다. 내가 이렇게 추진력 있는 사람인지 처음 알았다. 닥치는 대로 여행 정보를 수집했다. 수십 번 계획을 세우고 수정을 반복하며 밤을 새웠다. 남편에게 여행 계획을 공유하는 날, 마치 첫 발표를 앞둔 신입 사원처럼 덜덜 떨기까지 했다.

지금 돌아보면 그때 내가 짠 여행 계획은 완벽하지 않았다. 남편의 마음에 든 것도 아니었을 테다. 그러나 우리는 함께 느꼈다. 이 여행이 지금까지 살아왔던 삶의 방향을 미약하게나마 바꾸는 순간이 될 것을. 그리고 절대 후회하지 않으리라는 것을.

나는 인생의 즐거움을 번번이 할부로 누렸다. 좋아하는 책은 하루에 다 읽기가 싫어서 읽었던 페이지를 반복해서 보았다. 가장 사고 싶은 가방은 '나중에, 나중에'를 외치다가 유행이 지났다. 늘 미래를 위해 현재를 희생했다. 그래, 나도 한번쯤 질러봐야지. 마지막까지 맴돌던 죄책감마저 비웠다. 그리고 곧바로 퇴직금을 몽땅 털어 세계일주 티켓을 끊었다. 난생처음, 일시불로.

"당장 취소하는 게 좋을 거야. 도피도 습관이 되거든."

“너 내일 모레 서른이야. 돌아와서 직장을 잡을 수 있을 것 같아?”

“정신 차려. 남편은 혼자 자유를 만끽할 걸?”

“정말 이기적이다.”

대부분 내 선택을 응원해주었지만 가끔 비난의 목소리도 들렸다. 나는 우유부단한 사람이다. 토론 프로그램을 보고 있으면, 이쪽 말도 저쪽 말도 옳은 것 같았다. 비난을 받을 때도 마음이 흔들릴 것 같았지만 놀랍도록 마음이 흔들리지 않았다. 도피가 습관이 되든, 내가 백수가 되든 무슨 상관인가. 내가 이기적인 사람처럼 보이는 게 뭐 어떤가.

모든 사람을 설득할 수는 없다. 그리고 그들은 내 삶을 대신 살아주지 않는다. 더 이상 그런 것들은 신경 쓰지 않겠다. 이제 나는 여행자가 될 몸이시니 말이다.

이것만 끝나면 쉴 수 있겠지
육아
출산
결혼
노후
#지금이 아니면 안 돼요

contents

Part 2
마음껏
방황해도
괜찮아

Part 3
함께
떠났다면
몰랐을 순간들

Part 4
혼자서도
행복할
것

Part 1

여자는 자꾸 같은 질문을 받는다

주부라고?
남편은 어디 있어?

"너는 주부다, 이거지. 그런데……. 남편은 어디 있어?"

첫 여행지에서 들은 뒤에도 여행 내내 지겹도록 따라다녔던 질문. 기혼 남성이 혼자 여행을 다닐 때도 이런 질문 세례를 받을까. 회사를 그만두고 밤새워 계획한 뒤에 떠날 수 있었던 세계일주. 무수히 많은 시간을 고민하며 내린 결정은 한두 마디 질문으로 무시당하기 십상이었다.

입국심사관은 직업란에 'Housewife'라고 적은 내 입국신고서를 한참 들여다보았다. "결혼했어?" "남편은?" 나는 처음 만난 불편함 앞에서 현실과 타협하기로 했다.

"남편은 일 때문에 늦어. 우리는 독일에서 만나기로 했어."

독일로 나가는 티켓을 보여주며 말하자, 요리조리 여권을 펄럭이며 살펴보던 입국심사관이 마침내 도장을 찍는다. 나는 그렇게 여행의 첫발을 디뎠다.

콩닥거리는 가슴을 부여잡고 도착한 숙소에서 식사와 물을 주문했다. 그런데 종업원의 착오로 화이트 와인이 왔다. 아, 진짜……. 술을 주면 난 그저 마셔야지. 나를 이해해준 남편에게 고마운 마음으로, 스스로 격려하는 마음으로 축배를 들었다.

Where is your husband?
Umm… He… sleep… sofa
What?
Sorry, Sorry;;
LANDING CARD
OCCUPATION
HouseWiFe

첫 도시,
첫 일탈

런던의 첫인상은 어딘가 모르게 불쾌함. 관광객들로 붐비는 도시가 못마땅한 것마냥 현지인들은 불친절했다. 게스트하우스에서 뜨거운 물이 나오지 않아 항의하니 직원이 지긋지긋하다는 듯 소리친다.

"나와! 나온다고!"

미국식 영어에 익숙한 교육을 받고 자란 나에게 영국식 영어는 낯설었다. 우중충한 날씨 덕분에 DSLR 카메라로 찍어도 그럴듯한 풍경이 나오지 않았다. 음식은 비싸기만 하고 묘하게 거슬리는 향 때문에 몇 입

삼키지도 못했다. 한마디로 최악. 영국은 여행하기에 그리 어려운 곳은 아니었다. 다만 첫 여행지였기 때문에 모든 게 낯설고 두려웠던 게 아니었을까. 나는 금세 기진맥진해서 구석에 있는 벤치에 앉았다. 익숙한 냄새가 스쳐 지나간다. 담배 냄새.

대학생이 됐을 때, 결심한 게 하나 있다. 담배를 꼭 피워보겠다는 것. 학창 시절 가출 한 번 못한 모범생의 소심한 일탈 결심이랄까. 맛은 잘 몰랐다. 그저 내가 어른이 된 기분을 만끽하고 싶어서 술을 잔뜩 마셨을 때, 한두 번씩 내 입에서 담배 연기가 나가는 꼴을 구경하곤 했다.

그날도 친구들과 술을 왕창 마시고 길거리 한쪽에 서서 담배를 피우고 있었다. 나 혼자 여자였다. 서른 살 남짓한 남자가 지나가며 나에게 삿대질을 하며 한마디 던졌다.

"어디서 재수 없게 길거리에서 여자가 담배를 피우고 지×이야!"

그 말이 끝나자마자 나는 그에게 이단옆차기를 날렸고 그다음부터는 기억이 또렷하지 않다. 내 친구들과 그 남자의 일행들이 엉켜 서로 말리고 서로 사과하고 끝나지 않았을까 싶다. 당시 옆에서 함께 담배를 피우던 친구들은 나를 타박했다. 그냥 네가 좀 참지. 누나 또 사고 쳤어요? 너 정말 왜 그래?

유흥을 즐기는데,
왕후장상의 씨가 따로 있겠소

어디서
아줌마가!

내가 받은 부당한 대우를 위로해주는 이가 하나도 없다는 게 서러워 집에 가며 엉엉 울었다. 그 자식이 나한테 먼저 시비 걸었는데! 그러나 또 다시 그런 일을 겪을 용기는 없어서 그 후로 절대 담배를 피우지 않았다. 애초에 담배는 내게 중독이 아니라 그저 유희였다.

주위를 둘러보았다. 길거리에서 담배를 피우는 여자들이 가득했다. 담배를 사지 않고서는 견딜 수가 없었다. 가장 가까운 가게에서 담배를 한 갑 구매하는 단계까지는 성공했으나 라이터를 사는 것을 깜빡 잊었다. 머쓱하게 서 있자 옆에 있던 흑인 여자가 다가와서 라이터를 빌려주었다.

'이게 바로 자유의 맛이지.' 담배를 몇 모금 피우자 어지럽고 기침이 나온다. 그래도 좋았다. 이제야 해방감을 느낀다. 슬슬 런던이 가깝게 느껴지기 시작한다.

저 남자는 아직
말을 끝맺지 않았다

"내 눈 말이야…….
지금까지 내가 본 눈 중에서 가장……."

어떤 각도에서 바라보아도 완벽한 빅벤(Big Ben)!

나는 템스강 벤치에 자리 잡고 앉아 하염없이 빅벤을 바라보고 있었다. 모든 풍경이 아름다웠다. 사방에서 들려오는 카메라 셔터 소리마저 새가 지저귀는 소리 같았다. 날씨는 또 어떻고! 샤워를 막 하고 나와서 아직 젖어 있던 머리카락을 강바람이 말려주었다. '이제 외국인이 나에게 말만 걸면 여행자로서 완벽한 하루가 완성되는 건데.' 생각하던 그 순간.

포르투갈에서 왔다는 한 남자가 내게 길을 물었다. 여행자라기보다는 인도 수행자 같은 몰골이었다. 그는 내 지도를 보며 위치를 파악했다. 그러더니 나에게로 시선을 옮기며 말을 건네기 시작하는 게 아닌가.

"네 눈 말이야……. 지금까지 내가 세상에서 본 눈 중에서 가장……."

위 대화까지 읽고 '본인 자랑을 하려나보군'이라고 생각했다면 당신은 나와 같은 부류다. 급한 성격을 지녔다. 그러나 저 남자는 아직 말을 끝맺지 않았다.

테니스를 배울까 생각했던 때가 있었다. 산뜻한 테니스복을 입고 샤라포바처럼 머리를 흩날리며 공을 주고받으면 기분도 상쾌하고, 살도 빠질 것 같고, 무엇보다 인스타그램에 올릴 간지도 날 것 같았다. 의욕은 또 충만해서 오전 여섯 시 수업으로 등록했다. 꽤 열심히 다녔다. 공도 잘 맞혔다. 그러나 선생님은 자꾸만 진도를 나가지 않았다. 선생님은 너무 급한 성격이 문제라고 지적했다. 공을 보고 뛰어오는 감각은 좋은데 공을 너무 일찍 맞혀버려 테니스를 야구로 만들어버린다고. 자꾸만 테니스공을 울타리 너머로 날리는 나에게 선생님은 화를 냈다.

"공을 달걀이라고 생각하라니까! 그렇게 치면 깨져버린다니까!"

사실 그때까지만 해도 내 급한 성격에 별 문제를 느끼지 못했다. 그저 운동신경 문제로만 치부했다.

첫 사회생활을 세일즈마케팅 부서에서 시작했다. 세일즈면 세일즈고 마케팅이면 마케팅이지 세일즈마케팅은 또 뭐람. 내가 일하게 된 곳은 이름 그대로 세일즈와 마케팅을 모두 하는 곳이었다. 오전에는 돌아다니며 영업을 뛰었고 오후에는 제안서를 작성했으며 저녁에는 술을 마셨다. 그럼에도 불구하고 여느 회사의 신입 사원들처럼 나도 반짝반짝했다. (물론 아무도 나에게 반짝인다고 말해주지 않았지만.) 제안서를 작성할 짬밥은 아니었기에 주로 미팅을 하러 다녔는데 인상이 좋다고 칭찬을 많이 들었다. 한번은 거래처에서 주최하는 파티에 참석했더니 연락처를 알려달라는 사람도 있었다.

이쯤 되니 자만이 생길 수밖에. 회사 사람들과 야외 카페에서 음료를 시키는데 홍차 라테가 있기에 '한번 먹어봐야지' 혼잣말을 하고 주문했다. 그런데 남자 종업원이 나를 뚫어져라 쳐다보며 이렇게 말하는 것이다.

"고객님, 달콤하세요."

내가 잘못 들었나? 다시 한번 물어 보았다.

"방금 뭐라고 그러셨죠?"

아름답나?
신비롭나?
동양의 미?
#단춧구멍
발견
Your Eyes!!

“고객님, 달콤하시다고요.”

‘와하하하’ 웃으며 “어머 제가요? 감사합니다” 하는데 그는 따라 웃지 않았다. 그가 주어를 넣어 다시 말했다.

“고객님, 홍차 라테가 달콤하시다고요.”

그 후로 급한 성격은 어느 정도 개선이 되었다. 끝까지 들은 후에 일 초 정도 더 생각해보고 대답하는 습관이 생겼다.

포르투갈에서 왔다는 남자가 말을 걸어올 때도 이를 잊지 않았다. 물론 처음으로 외국인이 말을 걸어오는 것이라 어떤 말을 할지 설렜다. 그러나 동요하지 않고, 침착하게 그가 하는 말을 끝까지 들었다.

“네 눈 말이야……. 지금까지 내가 본 눈 중에서 가장 작아.”

홍차 라테의 교훈은 역시 틀리지 않았다.

우리는 얼마나 쉽게
억울해지는가

심호흡을 하고 물을 내렸다.
재난 영화의 한 장면처럼 변기 물이 흘러넘쳤다.

나는 쉽게 억울해진다. 깜박이는 신호등을 보고 가만히 있으면 신호가 오래도록 바뀌지 않는다. 그래도 건너는 사람들의 꼬리를 용감하게 좇아 함께 건너면, 웬걸 신호가 금세 바뀌어 대기하던 차들의 경적 세례를 독차지한다.

옷 가게에 가면 지나가던 손님이 꼭 내 앞에서 가지런히 정리되어 있는 옷들을 우르르 흘리고 지나간다. 차마 모른 척 할 수가 없어서 흐트러진 옷가지를 개고 있으면 점원이 와서 한마디 한다.

“아휴, 방금 전에 정리한 옷인데.”

그럼 마치 내가 옷들을 흘린 사람처럼 진땀을 빼며 옷가지를 개어 놓고 (정작 옷 구경은 하지도 못한 채) 빠져나온다.

어릴 때도 늘 그랬다. 동생과 나는 ‘누가 많이 어지르나’ 대회에 참가한 것마냥 번갈아 집 안을 엉망으로 만들곤 했는데, 꼭 내가 더 어지른 날엔 부모님 심기가 이미 불편해 있다. 이런 날 동생은 뻔뻔해지고 나는 진땀을 뺀다. 엄마가 “저 청소기 누가 저렇게 부러뜨려 놓았어?” 물어보면 동생은 “누나가요!” 아주 당당히 외친다. 그런 날에는 부러진 청소기 몸체로 먼지 날리게 맞았다.

이 모든 일의 첫 단추를 잘못 꿴 날은 초등학교 입학하고 나서 간 첫 소풍날이었다. 엄마는 시골에서 서울로 전학 온 내가 주눅 들지 않도록, 당시 거금인 (물론 지금도 거금인) 만 원을 용돈으로 주셨다. 처음으로 서울대공원을 가보았다. 서울대공원의 놀이기구도 신기했지만 어린 나를 사로잡은 것은 캐릭터가 그려진 각종 기념품이었다.

캐릭터 가면은 나를 위해, 파란색 자동차 미니어처는 서울대공원 따위를 구경도 못해봤을 동생을 위해 샀다. 두 기념품을 합친 가격이 사천 원 정도였다. 만 원을 내고 육천 원의 거스름돈을 기다렸다. 그러나 가게 주인은 천 원만 거슬러줬다. 오천 원은 액수가 크니까 거슬러주려면 시간이 걸리는 줄 알았다. 선생님과 아이들이 다른 장소로 이동할 때도 가게 앞에 계속 서서 기다렸다. 선생님이 뛰어와서 나를 데려가려 하자 그제야 말했다.

"저 아저씨가 돈 안 주셨어요."

가게 주인과 선생님의 대화, 즉 어른들의 대화로 이어졌다. 주인은 오천 원을 내고 오천 원을 다시 달라는 도둑놈이 어디 있느냐며 항변했다. 사정을 모르던 선생님은 주인 말에 설득되었고, 결국 나는 첫 소풍날 같은 반 친구들 앞에서 도둑놈이 되어버렸다.

다음 날 학교에서는 엄마의 항의 방문이 있었다. 그러나 친구들이 나를 보는 시선이 달라지지 않자 다음 달에는 촌지를 들고 찾아오셨다(어른이 된 후에야 이 사실을 알았다). 두 달 뒤 개최된 무궁화 그리기 대회에서 우수상을 받고 나서야 그 사건은 친구들의 뇌리에서 잊혔다. 누명은 너무 쉽게 씌고 벗어나기까지는 많은 시간이 걸린다는 사실을 어린 나이에 알아버렸다.

나는 오얏나무 아래에서 갓끈을 고쳐 매기는커녕, 갓을 벗어두고 지나갈 정도로 매사에 조심했다. 모국어를 쓰는 내 나라에서도 나에게는 억울

색안경이 많아질수록
제대로 보이는 건 줄어들죠

한 일들이 벌어지곤 했는데, 모든 게 낯선 타국에서는 오죽할까. 모든 이들에게 친절하게 대했으며 내가 머물던 자리도 깨끗하게 정리했다. 지나갈 때 남을 치게 되지는 않을까 싶어 커다란 몸을 최대한 구겨서 다녔다.

유럽은 공중화장실에서 돈을 받는다. 돈을 받으면 깨끗하게 운영될 것 같지만 이는 착각이다. 곳곳에 변기가 막혀 있다. 최근에 우리나라의 변기 옆 휴지통에 화장지를 버리는 시스템이 불결하다고 바뀌어야 한다는 기사를 봤는데 막상 변기가 막혀 있는 꼴을 보면 그 생각이 싹 가실 것이다.

그날도 런던의 길거리를 돌다가 신호가 왔다. 화장실 입구에서 삼 유로를 내고 그 비싼 화장실을 사용하게 되었다. 칸마다 모두 문이 닫혀 있었는데 빈 칸이 하나 보였다. 얼른 들어와서 보니 변기 뚜껑이 내려져 있었다. 불안한 마음을 부여잡고 뚜껑을 올렸다. 변기는 막혀 참혹한 현장이었다.

방심했다. 화장실이 급해 내가 '쉽게 억울해지는 사람'이라는 것을 순간 잊었다. 이대로 문을 열고 나가면 내가 변기를 막히게 만들었다고 누명을 쓸 것 같았다. 문틈을 통해 바깥 상황을 보니, 사람들은 이미 이 칸 뒤로 줄을 서 있었다. 심호흡을 하고 물을 내렸다. 재난 영화의 한 장면처럼 변기 물이 흘러넘쳤다. 사람들은 발밑으로 지나는 구정물을 향해 각자의 자국어로 놀람과 혐오감을 표했다. 언어는 달라도 일차원적인 감정 표현은 쉽게 통역이 가능했다. 결국 화장실 문을 열고 나가 사람들에게 고개를 숙였다.

입구에서 동전을 받던 관리인이 수리공을 데려왔다. 수리공은 이까짓 변기의 상황은 쉽게 제압할 만큼 두꺼운 팔 근육을 지니고 있었다. 그 근육을 보자마자 안심하여 변기 옆에 서서 무언가 말하려는 나를 그가 홱 밀친다.

당황했지만 다시 시도했다. 그 변기는 내가 만든 결과물이 아니며, 내가 한 짓이라고는 오직 변기의 손잡이를 내린 일뿐이라고 짧은 영어로 설명했다. 그러나 그는 내 말을 알아들으려 하지 않고 아시아인을 모독하는 게 분명한 의성어를 내뱉는 데 힘을 쏟았다.

역시나 나는 이번에도 쉽게 억울해졌다. 그러나 내가 누군가. '프로 누명러'로서 그런 이들에게 맞서는 방법을 알고 있었다. 그의 뒤통수에 대고 외쳤다.

"갈색 눈동자를 지녀서 고집 세 보이는, 치열이 고르지 않아 다혈질인, 열심히 키운 근육을 고작 야동이나 클릭하는 데 쓸 영국인 자식아!"

유부녀는
위스키로 업그레이드

당장이라도 기사가 나타날 것 같고, 성 안에 아직 왕이 거주할 것 같은 곳. 그리고 아기자기한 벽돌 마을과 신화에 나올 것 같은 분위기를 좋아한다면 영국보다는 스코틀랜드를 추천한다. 특히 에든버러 성(Edinburgh Castle)에서 빠져나와 귀족이나 왕족만 걸었다는 '로열 마일' 거리를 걸을 때는 굳이 시간을 확인하고 싶지 않다. 중세로 돌아온 것 같기 때문이다.

캐시미어나 스코틀랜드의 전통 의상들을 사방에서 팔고 있지만 내가 관심 있는 쪽은 '위스키'였다. 위스키라는 단어가 주는 이미지는 '양주'와 달랐다. 위스키를 마신다면 내 성숙미가 한 단계 업그레이드 될 것 같았다. 유부녀가 바에 앉아 홀로 위스키를 마시며 남편을 그리워한다, 상상만 해도 사연 있어 보이는 장면 아닌가. 그러나 막상 바에 들어서려 하다가 왜인지 모르게 망설였다.

대학 신입생 환영회를 하던 날, 엄청난 양의 술을 처음으로 마셨다. 나를 제어할 수 없던 친구들은 결국 우리 집에 전화했고 아빠가 데리러 왔다. 아빠는 인사불성이 된 나를 보자마자 이렇게 말씀했다고 한다.

"자기 몸 주체하지 못할 정도로 술 마시는 딸을 둔 적이 없다. 스스로 걸어와라."

그렇게 나는 술집에서부터 우리 집까지 걸었다. 아빠는 옆에서 차를 끌며 그 모습을 지켜봤다고 한다. 그날 좀 추웠던 것 같다. 씩씩하게 잘 걷던 내가 벨트를 풀어 목도리처럼 목에 칭칭 감는 꼴을 보시곤, 아빠는 세상이 무너질 듯 한숨을 내쉬며 결국 차에 태웠다고 한다.

친구들은 종종 아버지들이 술에 취해 집에 들어오는 모습을 묘사하곤 했다. 넥타이를 머리에 감고 들어오더라, 술에 취해서 용돈을 주고 또 주더라, 물건을 집어던지며 소리치더라. 그러나 우리 집에서는 그중

단 한 모습도 볼 수가 없었다. 나중에 들은 것인데, 서울에 홀로 상경한 아빠는 자신의 몸도 스스로 챙겼어야 했다고. 본인이 술에 취하면 누군가에게 민폐를 끼쳐야만 했을 테고 아빠는 그런 행동을 용납하는 사람이 아니었다.

그러나 나는 술을 퍼마시면 주변 친구들의 도움을 받거나 당시 남자 친구의 도움을 받아, 부모님의 도움을 받아 집에 무사 귀가했다. 애초에 술을 목구멍에 퍼부을 때부터 나는 혼자가 아니라는 사실을 알고 있었다. 지금에서야 생각해보니 스스로 자신을 살뜰히 챙기던 아빠의 그 모습은 꽤나 외롭다.

바에서 술을 마시는 대신 위스키 미니어처 몇 병을 샀다. 숙소에 돌아가서 플라스틱 컵에 따라 마시려고. 이곳에서는 나를 챙겨줄 사람이 아무도 없다. 오늘만큼은 아빠처럼 한번 마셔보기로 한다.

WELCOME
to
COTLAND
#에든버러 #중세로의 여행

이해가 안 되는
아저씨들

나는 살면서 이와 같은 말은 들어보지 못했다.
넌 미용사나 해, 회사원이나 해, 기자나 해.

회사를 그만두니 꼰대들이 주변에서 하나둘 늘어났다. 도움을 원하는 이에게 하는 조언은 그를 살리는 동아줄이 되겠지만, 도움을 원치 않는 이에게 하는 간섭은 그저 꼰대질에 지나지 않는다. 이 차이를 몇몇 사람들은 모른다. 불확실하지만 알 수 없는 내 또 다른 미래를 위해 잠시 사회생활을 그만뒀을 뿐인데, 꼰대들은 하는 말도 어쩜 그리 똑같은지. 그들은 나에게 다음과 같이 처방전을 내렸다.

"지금 이 시점에서 너는 주부나 해야 해."

아줌마는 집에서 살림이나 할 것이지

이 말에는 두 가지 오류가 있다. 첫 번째로 조사가 잘못 쓰였다. 주부가 하는 일이라고 함은 가사 노동이고 이는 엄연히 직업으로서 존중받아야 마땅하다. 그런데 주부'나'라니. 직업에 귀천이 없다는 말, 더군다나 하나의 직업을 얻기까지 흘려야 하는 땀방울이 어마어마하다는 생각을 정설로 여기는 요즘에 말이다. 나는 살면서 이와 같은 말은 들어보지 못했다. 넌 미용사나 해, 회사원이나 해, 기자나 해. 또 다른 오류는 역시 첫 번째의 오류에서 기인한다. 주부라는 직업에 대한 내 자질과 능력, 관심도 따위는 무시하고 선택을 강요하는 꼴이라니.

가끔 유럽으로 출장 온 한국 아저씨들을 마주칠 때가 있었다. 그들은 회사를 그만두고 혼자 여행 다닌다는 이야기에 "정말 이해가 안 되네." 하며 호들갑을 떨었다. 대화를 끝맺을 즈음, 부장님 정도로 추정되는 한 아저씨가 연락처를 알려달라고 했다. "이것도 인연인데"라며 한국으로 돌아가서 자리 잡지 못하면 자기 회사에 이력서를 넣어보라고 했다. 그러나 나는 알고 있었다. 내가 이력서에 기혼을 기재하자마자 그들은 내 이력서를 버리면서 다음과 같이 말하리라는 걸.

"주부나 할 것이지, 정말 이해가 안 되네."

1리터 맥주를
원샷하는 기분

맥주는 맛있었고 텐트 안은 게르만족의 광기를
구경할 수 있는 술맛 나는 공간이었다.

말이 나왔으니 말인데, 내가 가지고 있는 꼰대스러움은 나이 따지기였다. 분야를 막론하고 주목받는 신예가 있다면 포털 검색창에서 나이를 먼저 찾아본다. 나보다 나이가 많으면 내심 안심하게 된다. '그래, 저 사람도 이제야 빛을 봤군. 아직 나에겐 시간이 많이 남았어.' 동갑이어도 그럭저럭 위안이 된다. '나도 올해 저 친구처럼 대박이 터질지도 모르지.' 그러나 나이가 어리면 그 비참함은 이루 말할 수 없다. '나는 잉여 인간이야. 저 어린이(?)가 가치 있는 세월을 보내는 동안 난

대체 뭘 한 거지?'

　나는 지금은 없어진 빠른 년생 제도의 피해자이며 가해자였다. 일월생이었던 나는 삼월에 태어나서 정식 입학을 한, 즉 몇 개월 차이로 나보다 한 학년이 낮은 동생들에게 절대 말을 놓게 하지 않았다. 그저 내가 몸담았던 학년의 친구들 나이 그대로 인정받고만 싶었다. 다행히 그 정도의 꼰대스러움은 너그러운 주변 사람들이 대충 눈감아준 것 같다.

　여행을 다니면서 어려운 것은 나이 말하기였다. 다른 나라와 계산법이 다른 우리나라의 특성상 나라별로 나이를 가늠하기가 어려웠다. 나는 한 살 차이냐, 두 살 차이냐 의미를 엄청 따졌는데. 회로가 꼬이기 시작했다. 결국 타협하기로 했다. 내가 보살펴주고 싶은 이에게는 그보다 나이를 좀 올려 말하고, 보살핌을 바라는 이에게는 나이를 좀 낮춰 말하기로.

　옥토버페스트는 젊은이들의 축제였다. 연령대의 편차가 크지만 그래도 주축은 젊은이들이었다. 가장 큰 호프브로이하우스(Hofbräuhaus)의 맥주 텐트에서 독일의 학생들과 술을 마셨다. 이들은 모두 열일곱 살이었다. 맥주를 마셔도 되냐고 물어보니 그들이 답했다. "It's Okay." 법적으로 오케인지, 자체적으로 오케인지 몰랐다. (후에 알게 된 사실이지만 독일에서는 만 16세부터 술과 담배가 허락된다고.)

그들도 나에게 몇 살인지 물어봤기에 스무 살이라고 했다. 아시아인의 연령을 보는 감이 없는지 그것보다 더 어려 보인다고 화답했다. 맥주는 맛있었고 텐트 안은 게르만족의 광기를 구경할 수 있는 공간이었다. 술에 점점 취했다. 술에 취한 인간은 본성을 감출 수 없는 법. 내 꼰대 짓도 스멀스멀 봉인이 풀리려 하고 있었다.

꼰대의 가장 큰 문제점은 자신이 당한 부당함을 사회생활을 하면서 당연히 겪어봐야 하고 용인해야 하는 경험으로 생각한다는 것이다. 그렇게 자신이 겪은 부당함을 아랫사람에게도 똑같이 물려준다. 군대에서 대물림되는 폭력, 시간이 지나도 해결되지 않는 성차별 그리고 잘못된 술 문화. 모두 꼰대들의 소산 아닌가.

혈기왕성한 십대들과 동등하게 술을 마셨으나 나는 이 민주적인 행태가 마음에 들지 않았다.

"나보다 열 살이나 어린 것들이 잔을 부딪치면서 원샷도 안 해?"

독일을 다녀온 사람들은 알겠지만 그곳의 맥주잔은 우리와 달리 원샷을 할 수 없는 크기다. (기본이 1리터부터 시작하는 것 같다.) 그럼에도 비가 오나 눈이 오나, 변비거나 설사이거나 무조건 윗사람과 술 마실 때는

#재활용도 되지 않는 #꼰대의 말로

'원샷'이라는 구호를 당연하게 받아들인 내가 아닌가. 영어가 유창했다면 아마 술주정으로 모두가 알아듣게 헛소리를 했을 텐데 다행히 영어가 짧았다. 답답함에 맥주만 연거푸 들이켰다.

때마침 독일 여행을 온 사촌 동생과 함께 옥토버페스트를 즐겼는데 중간에 만취한 내가 사라져서 찾느라 고생했다고 한다. 사촌 동생이 나를 발견했을 때는 쓰레기통과 물아일체가 되어 다음과 같은 소리만 반복하고 있더란다.

"어린 놈 시키들이……. 시키들이 말이야……."

# 옥토버페스트(Octoberfest) 즐기기

옥토버페스트는 매년 9월 중순에서 10월 초까지 뮌헨에서 개최되는 세계에서 가장 큰 맥주 축제다. 뮌헨의 중심인 테레지엔비제(Theresienwiese)에서 열린다.

숙소

술꾼에게 가장 중요한 일은 가까운 숙소를 선점하는 일이다. 술에 취해 비틀거리며 집으로 돌아가는 일이 얼마나 귀찮은가. 옥토버페스트를 참석하기로 마음먹었다면, 무조건 숙소부터 예약하자. 시간이 지날수록 가격은 천정부지로 오른다. 시설 따위 신경 쓰지 마라. 어차피 술 취하면 누워 자기 바쁘다.

텐트

맥주 회사들이 세운 크고 작은 30여 동의 텐트가 들어선다. 가장 유명한 곳이 역시 가장 크다. 옥토버페스트의 분위기를 느끼기에는 빅 텐트가 제격이다. 좋아하는 브랜드의 텐트부터 방문하길 권한다.

적당히 마시기

맥주 회사들은 옥토버페스트에서 도수가 높은 맥주들을 선보인다. 분위기에 취해 한 잔 두 잔 마시면 자신의 주량을 잊기 마련이다. 가장 좋은 술자리는 적당히 즐겼을 때만 가능하다는 것을 명심 또 명심하자.

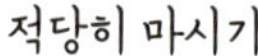

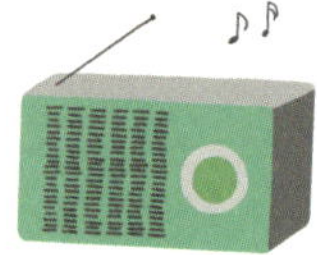

노래 부르기

텐트마다 단골로 나오는 곡들이 있다. 흥에 겨워 자리에서 일어나고, 어깨동무하며 마시기도 한다. 그 노래들을 얼추 알고 있다면 재미는 배가 될 것이다.

자리 잡기

예약과 비예약석으로 나뉘는데, 점심시간에 가니 한두 명 정도는 예약하지 않아도 크게 무리가 없었다. 화장실을 자주 가는 이는 화장실의 위치를 확인하고 자리를 잡을 것. 옆에 누가 앉았느냐에 따라 옥토버페스트의 경험이 바뀐다. 이왕이면 자주 자리를 옮겨 가며 마음에 맞는 사람들과 마시길 권한다.

아, 기혼과 비혼의
간극이란

나는 여행을 다니면서 철저히 이방인임을 느끼고 싶었다. 내가 지금까지 한국이라는 곳에서 공고히 쌓아 놓은 '나'라는 사람의 벽을 무너트리고 그저 한 사람으로서 다니고 싶었다. 그러나 나는 여성이었고 아줌마였다. 생각보다 여행지에서 마주치는 사람들은 한국에서의 나를 궁금해 했다. 결혼했다는 말 한마디면, 구구절절 사연을 남겨두고 여행을 떠난 사람 취급하기 일쑤였다. 이방인은커녕 취조실에 있는 기분이었다. 그러다 보니 어느 순간부터 스치는 인연이 될 사람들에게는 적당히 둘러대게 되었다.

하지만 스위스 민박집은 달랐다. 할머니가 딸과 함께 운영하는 작은 규모의 민박집이었다. 우연의 일치인지 내가 머무를 때, 함께 숙박하는 여행자도 모두 아주머니들이었다. 아주머니 두 분이 각자 아이들을 데리고 여행을 왔는데 보통 에너지가 넘치는 집단이 아니었다. 아이들을 데리고 여행하는 것을 보니 영어를 어느 정도 잘하나 보다고 할머니가 칭찬하자 아주 자신 있게 "그럼요! 저 영어 잘해요!" 대답하던 아주머니를 우연히 매표소에서 마주쳤다. 매표소 직원이 뭐라 떠들던 "티켓 티켓! 고 앤 백(Go and Back)!" 두 마디만으로 표를 끊는 엄청난 능력의 소유자였다.

주인 할머니와 두 아주머니가 아주 정감이 넘치시기에, 나도 편하게 이 이야기 저 이야기를 늘어놓았다. 내가 결혼을 했다고 하자 두 팀의 의견이 첨예하게 갈렸다. 나중에 알고 보니 주인 할머니 딸은 결혼을 하지 않았다고 한다. 주인 할머니는 뭣 하러 그렇게 일찍 결혼을 하냐고 혼을 냈고, 아주머니들은 사람은 역시 결혼을 해야 한다고 했다. 결혼을 하지 말아야 성공적인 커리어를 쌓을 수 있다는 '결혼 반대파'와 결혼을 해야 삶을 살아가며 진정한 희로애락을 느낄 수 있다는 '결혼 찬성파'로

이깟 종이 한 장으로
남의 삶을 규정짓다니···

나뉘었다. 기혼과 비혼의 간극이 얼마나 크기에…… . 사이좋던 민박집 사람들에게 내가 갑작스레 결혼 논쟁을 붙여버린 꼴이었다.

민망한 마음에 민박집을 나와 니더호른(Niederhorn) 정상으로 올라갔다. 내 언어 수준으로는 '쌩쌩이'라고 부를 수밖에 없는 무동력 자전거를 타고 내려오기로 결심했다. 물론 가장 짧은 코스로. 그러나 생각보다 코스가 길다 싶어서 중간중간 길을 확인하니, 역시나 길을 잘못 들었다. 십이 킬로미터 코스를 무동력 자전거에 동력을 불어넣으며 가다 보니 두 시간이 넘게 걸렸다.

얇은 점퍼를 걸친 탓에 콧물을 흘리며 간신히 민박집으로 살아 돌아왔는데 이미 온몸은 불덩이가 되었다. 결혼 논쟁으로 갈라섰던 주인 할머니와 아주머니들은 하나가 되어 나를 보살피며 죽도 끓여 주고 약도 챙겨주었다. 할머니는 뜨끈뜨끈한 안방도 내어줬다. 누워서 그들의 보살핌을 받으면서 생각했다. 역시 기혼과 비혼은 혼인신고서 한 장 차이라고.

비포 선라이즈 없는
유레일 기차

그들은 서로의 어떠한 풍경에서도
거리를 적당히 두는 기차와 닮아 있었다.

여행을 가기 전에 영화 〈비포 선라이즈〉를 보지 않았다. 미리 알고 여행을 다녔다면 유레일패스로 이동하면서 주변 좌석을 좀 둘러봤을 텐데……. 어쨌든 기차를 타고 여행하는 기분은 참 좋았다. 비행기나 버스와는 다르게 주변 풍경을 한층 아름답게 볼 수 있기 때문이다. 버스는 풍경과의 거리가 노골적으로 가깝고, 비행기는 지나치게 멀다. 기차는 풍경과의 거리가 적당하다. 어떠한 장면에서든 일관적인 거리를 유지하는 것도 좋았다.

나는 사회적인 사람이다. 필요한 때에 맞춰 성격을 조정했다. 말 많은 사람이 많은 모임에서는 이왕이면 침묵하고, 소극적인 사람들이 많은 모임에서는 목이 쉴세라 떠들었다. 그렇다고 그 모습이 매 순간 거짓은 아니다. 그저 여러 가지 공들 중에서 필요한 공만 꺼내 드는 거니까. 어떤 공을 꺼낼지 결정하는 일은 어렵지 않았다. 어차피 가진 공의 개수가 그리 많지 않은 사람이었기에.

대부분 혼자 여행하는 사람들은 게스트하우스에서 통성명을 하고는 더러 함께 여행한다. 그렇게 함께 여행지를 돌고 연락처를 주고받고, 한국에서 다시 만나기도 하면서 인연을 이어나간다. 그런데 나는 여행지에서는 이상하게 그 정도의 관계도 피곤했다. 분명 이런 나를 야속하게 본 사람들도 있었을 테다. 내 자신도 그 이유를 잘 알지 못했다가 영화 〈비포 선라이즈〉와 〈비포 선셋〉을 보고 깨달았다. 그래 저것 때문이야! 그때의 아름다운 추억은 그 순간에만 살아 있는 것인데, 대체 왜 다시 만나는 거야?

여행지에서 만난 인연은 그곳에서 만났기 때문에 좋았다. 그들을 다시 만나보았자 그날의 추억을 몇 번씩 반복해서 이야기하다가, 다시 술집에서 만나 연예인의 연애나 이야기하는 시시한 인연으로 전락한다.

여행 가면 우리 같은 일 생길 것 같죠?
#여행 가도 안 생겨요
#대학 가도 안 생겼잖아요

하룻밤의 추억을 아홉 해나 가슴에 품고 살아 왔으나 결국 유부남이 되어 나타난 〈비포 선셋〉의 인연처럼. 그런 것들이 싫다.

최근에 이 시리즈의 마지막 편인 〈비포 미드나잇〉을 봤다. 역시나 그들도 어느 특별할 것 없는 연인으로 탈바꿈해 있었다. 가사 분담의 고통에 대해 토로하고 능력에 대해 불평하고 바뀌지 않는 서로의 단점을 지적하는. 그러나 분명 그들에게는 다른 점이 있었다. 상투적이지만 '첫눈에 반했다' 같은 열정, 서로에게 바닥을 가감 없이 보여줄 수 있는 순수함 같은 것들 말이다. 그들은 서로의 어떠한 풍경에서도 거리를 적당히 두는 기차와 닮아 있었다. 아마도 그들은 비슷하게 살아가지 않을까. 전 부인 이야기를 하며 서로 최악의 모습을 보이든, 다시 첫눈에 반하게 만든 그 모습을 보이든 말이다.

내가 놓쳤던 인연들을 이들처럼 대할 것을 그랬나, 하는 생각이 들었다. 익기 전에는 떫지만 익을수록 더 맛있는 홍시처럼, 여행지를 떠나 연락해도 더 의미 있는 관계가 되었을지도 모를 일이다. 뭐가 맞는지 알 수 없으나 아직까지는 내 생각을 바꿀 마음이 없다. 그러나저러나 가장 아름다운 시절이 〈비포 선라이즈〉라는 것은 변함없으니까.

먹을 때마다 합리화는
절정에 이르고

다시 가고 싶은 나라 하나를 꼽으라고 하면 대답하기가 어렵다. 그러나 음식이 맛있던 곳을 꼽으라면 주저 없이 스페인이라고 말하겠다. 스페인, 그곳을 더 구체적으로 말하자면 음식을 맛있게 먹을 수 있는 분위기가 발달한 나라였다.

일단 일일 오식(아침 식사, 점심 전 간식, 점심 식사, 저녁 전 간식, 저녁 식사)하는 문화가 사랑스럽다. 이와 같은 문화의 영향인지 바르셀로나는 늦게까지 영업을 하는 레스토랑이 많다. 유럽에서는 조금만 돌아다니면

셔터를 내려버려 갈 곳 없이 떠도는 청춘들이 많다. 그런데 바르셀로나는 밤 문화까지 발달해 있으니, 매일 밤 축제와 같은 풍경이 펼쳐진다.

술집 유리창 너머, 각양각색의 타파스(Tapas, 여러 가지 요리를 조금씩 담아내는 스페인 음식)가 지나가는 이들을 유혹한다. 손바닥 크기만 한 타파스를 여러 개 골라 술과 함께 마신다. 술은 상그리아(Sangria)가 가장 유명하다. 하지만 '술은 술답게 달지 않아야 한다'는 주의를 가진 나는 레드 와인에 하몬(Jamón, 소금에 절여 건조한 돼지의 다리로 만든 햄)을 곁들여 먹는 게 가장 좋았다.

간식으로는 추로스를 초콜릿 소스에 찍어 먹고, 작은 잔에 주는 커피를 마셨다. 낮에는 각종 재료가 들어간 파에야(Paella, 스페인의 전통 쌀 요리)를 먹었다. 그날은 파에야가 맛있다는 레스토랑을 찾아 돌아다녔다. 그리고 늘 그렇듯 가장 잘나가는 메뉴를 달라고 주문했다. 주문 후 음료라도 시킬 생각으로 메뉴판을 다시 보니, 내가 주문한 파에야에는 토끼 고기가 들어가 있었다.

닭은 본래 칠 년에서 삼십 년까지 살 수 있다고 한다. 하지만 우리가 먹는 닭은 생후 삼십 일 안팎에 도축된다. 특히 우리나라는 다른 나라보다 더 일찍 도축한다고 한다. 닭 가슴살 부위를 선호하는 외국에 비해,

우리나라는 닭 한 마리를 선호하기 때문이다. 고작 사람의 선호 때문에 생명을 단축시키다니. 나는 이러한 사실을 굉장히 끔찍하다고 생각하면서도 당장 식탁 위에 오르는 닭은 맛있게 먹었다.

아마 내 손으로 닭의 목을 비틀어 먹어야 한다면 분명 다른 식단을 선택했을 테다. 그러나 남의 손을 거쳐 도축되었다는 이유만으로, 고기를 보면 그 끔찍한 살육의 과정은 간사하게 잊어버렸다. 본디 못난 인간이 가장 잘하는 것이 합리화라지만 음식을 먹을 때 유독 나의 이러한 합리화는 절정에 치달았다.

하필이면 그날은 보케리아 시장(Mercat de la Boqueria)을 구경하다가 온 날이었다. 안쪽으로 갈수록 더욱 싼 생과일주스를 판다기에 구석까지 돌아보았다. 가장 싸게 보이는 주스 가게를 발견했으나 생각만큼 가격 편차가 심하지 않았다. 허탈한 마음에 블루베리 주스를 하나 입에 물고 등을 돌리다가 한쪽에 매달아 놓은 토끼 고기를 보고 말았다.

생닭처럼 도축된 고기였다면 죄책감이 덜했을 것 같은데 하필 아직 털이 덥수룩하게 덮인 죽은 토끼였다. 토끼들은 매달려 있었고 나머지 공간은 죽은 닭들이 채워져 있었던 것 같다. 그 끔찍한 장면을 보자니 당장이라도 머리 깎고 절에 들어가고 싶었다. 세상의 모든 살육을 멈춰

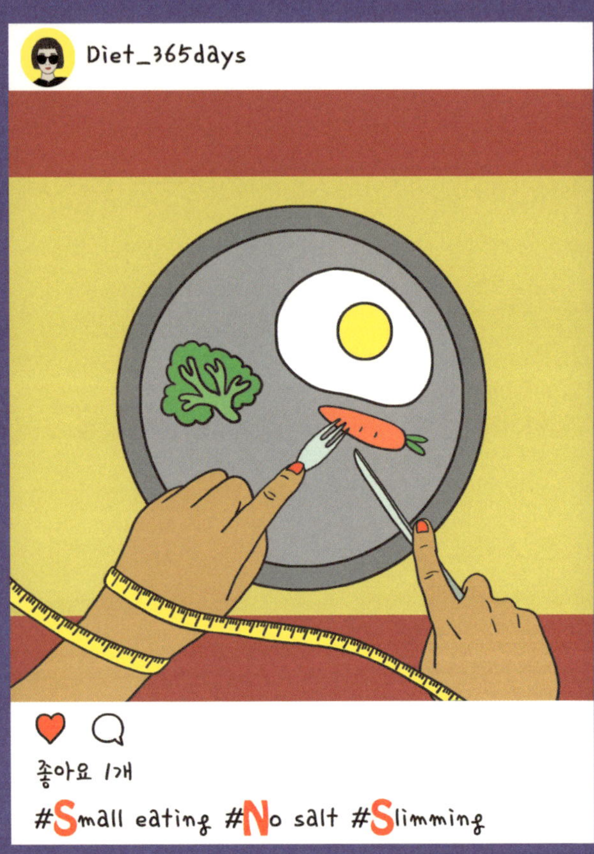

스페인에서 SNS는 잠시 접어요

야 할 것만 같았다. 시장에서 도망치듯이 나와 람블라스(Ramblas) 거리를 쏘다녔다. 길거리 화가들이 초상화를 그리는 모습을 구경하다 식사 때가 되자 인근 맛집에서 가장 유명하다는 파에야를 주문했던 것이다. 그렇게 또 다시 토끼와 마주했다.

나는 갈등했다. 다시 올 일이 없을지도 모르는 바르셀로나의 명물인 토끼 고기 파에야를 먹을 것인지. 하루라도 합리화를 그만두고 양심에 떳떳하게 다른 식단을 선택할 것인지. 고민 끝에 주문을 취소했다. 대신 샌드위치 가게에 들러 채소가 잔뜩 들어간 샌드위치를 골라 포장했다. 누드 비치에 자리를 잡고서야 포장을 뜯을 수 있었다.

날씨가 쌀쌀해져서 알몸을 드러낸 사람이 많지는 않았지만, 누드 비치는 본연의 이름을 지키기엔 충분했다. 나 또한 마치 누드 비치를 수도 없이 와본 사람마냥 시선을 돌리지 않았다. 채소가 가득한 샌드위치를 입에 물고, 누드를 보고 있으니 양심을 실천하는 지성인이 된 것마냥 뿌듯했다. 비록 샌드위치 안쪽에 짭짤하게 씹히는 햄이 느껴졌으나 그 정도는 애써 무시하기로 했다.

하몽(Jamon)

돼지 뒷다리를 통째로 소금에 절여 숙성, 건조한 스페인 전통 음식. 얇게 썰어서 그대로 먹거나 빵, 멜론과 곁들여 먹는다.

*하몽 이베리코 데 베요타 : 스페인 이베리코 반도의 청정 지역에서 몸에 좋은 도토리, 올리브 따위를 먹고 자란 돼지로 만든 최상급 하몽이다. 이렇게 좋은 품질의 하몽은 다른 것을 곁들이지 말고 그냥 드시라.

상그리아(Sangria)

레드 와인에 과일, 레몬즙, 소다수를 섞어 희석한 술. 화이트 와인으로 만든 것은 상그리아 블랑카(Sangria Blanca)라고 부른다. 상큼하고 달콤해서 술 마신 것 같지 않다는 단점이 있다. 허나 비타민이 풍부하다고 하니 많이 마시자.

파에야(Paella)

스페인식 돌솥밥. 발렌시아 지방의 요리. 쌀 위에 고기, 해산물, 채소 등을 넣고 쪄낸다. 본래 사프란을 첨가해 밥이 노란 것이 특징이지만, 비싼 가격 탓에 강황 같은 대체품을 쓴다고. 어느 곳이나 엄청난 양을 자랑하니 대식가들은 꼭 드시라.

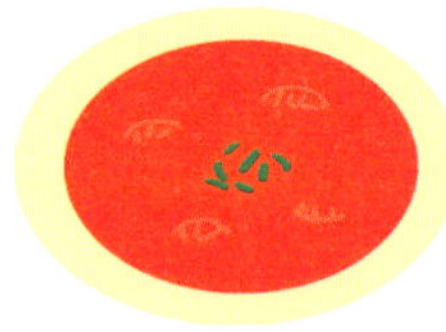

가스파초(Gazpacho)

토마토와 양파, 마늘, 오이 등을 갈아서 만드는 차가운 채소 수프다. 올리브오일과 식초를 곁들인다. 지역에 따라 만드는 방법이 다양하지만, 공통적으로 채소에 열을 가하지 않고 만들기에 건강식으로 손꼽힌다. 특히 섬유질이 풍부하고, 칼로리가 낮아 다이어트에도 좋다고 하니 오늘 저녁 시도해보자.

추로스(Churros)

스페인의 추로스는 깨끗한 기름에 튀겨 황금빛을 띠며, 겉은 바삭하고 속은 촉촉하다. 이를 초콜릿에 찍어 먹거나 설탕을 뿌려 먹는다. 당의 노예들은 꼭 먹어보시라. 명심하라, 여행자의 여유는 당에서 나온다.

감바스 알 아히요(Gambas al Ajillo)

새우와 마늘, 매운 고추(페퍼론치노) 등을 넣고 올리브오일에 끓인 요리. 바게트에 내용물을 얹어 먹거나, 올리브오일에 찍어 먹는다. 매콤한 향 덕분에 생각보다 느끼하지 않다. 조리법도 쉬우니 주머니 사정이 넉넉하지 않을 때는 만들어 먹자.

타파스(Tapas)

식사 전에 술과 곁들여 간단히 먹는 음식. 대부분 소량이며 한입 크기를 이쑤시개에 꽂아낸다. 스페인에서는 저녁을 늦게 먹기에 오후 여섯 시경 출출할 때 술을 곁들여 간단한 요기를 한다. 지방으로 갈수록 술을 시키면 한두 점 내오는 곳이 있었으나 대도시에서 기대하진 말자.

칼솟타다(Calçotada)

바르셀로나의 전통 음식. 대파와 비슷하게 생긴 양파과 채소를 통째로 구워서 소스를 곁들여 먹는다. 까맣게 태워 무시무시한 겉모습과 달리, 한 겹 벗기면 뽀얀 속살을 드러낸다. 중독성 강한 맛이다. 칼솟타다를 먹는 축제도 있다. 발스(Valls)라는 마을에서 매년 1월부터 3월 사이에서 열린다고.

모든 사람이 알람브라처럼
아름답지는 않다

그가 점점 마음에 안 들기 시작했다. 알람브라 궁전에 가는 중이라고 말하자 그가 건넨 말은 다음과 같다.

"티켓 예약했어요? 안 했다고요? 참 대책 없으시네."

우연히 만난 한국인이라는 이유만으로 통성명을 한 것뿐이다. 곧장 이어진 대화에서 나에 대해 가치 판단을 한 것도 마음에 안 들었지만, 대책 없다는 말은 늘 들었던 말 아닌가. 고작 그것 때문에 그를 달리 본 것만은 아니다. 그는 말을 이어 갔다.

"나이가 몇 살이죠? 이십대 후반? 이렇게 나와서 돌아다니면 결혼은 언제 하려고 그래?"

현재 회사를 그만두고 세계일주를 하는 중이라는 정보를 알려줬을 뿐인데 미혼이라는 키워드를 뽑아내다니. 아무리 보아도 나보다 다섯 살은 많아 보이는데 내 나이를 걱정하고 있다니. 게다가 그는 혼자서 질문하고 혼자서 대답하는 버릇까지 가지고 있었다.

"그쪽이 한국 돌아갈 일 생각하니 안쓰러워 죽겠네. 남자친구는 있어요? 아니다, 있을 리가 없지. 남자친구가 있으면 이렇게 대책 없이 여행을 다니게 할 리가 없지."

그가 나에게 섣불리 단정해서 말하고 있을 때도, 나는 그저 어긋난 고리를 하나하나 끊어주면 될 일이었다. 여자 나이는 크리스마스 케이크가 아니고요, 남자친구는 없지만 남편이 있고요, 대책 없지만 그쪽이 그렇게 걱정하실 일은 아니고요. 그러나 나는 그가 혼자서 만들어낸 인물을 대변하고 있었다. 불가항력적으로 말이다.

"네, 남자친구 없어요. 그런데 결혼하면 구속이잖아요. 요즘 같은 시대에 어떻게 한 사람한테 얽매여 살아요?"

남편의 협조 덕분에 세계일주 와 놓고, 동창들 중에 가장 일찍 결혼을 해 놓고, 나는 대체 무슨 소리를 하고 있는 것일까.

"그거 아세요? 남자들이 한번 늙기 시작하면 엄청 빨리 늙잖아요. 요즘 또 정년은 오죽 짧아. 그래서 요즘은 다들 연하 찾던데. 아저씨는 저보다 훨씬 고민이 많으시겠어요."

나이 차이 많이 나는 사람과 결혼한 주제에, 그가 나에게 내뱉은 편견들을 아무렇지 않게 되받아쳤다. 그는 나와 열심히 설전을 펼치다가 내가 지속적으로 "아저씨는……. 아저씨도……." 하고 반복적으로 부르자 "나 아저씨 아닌데?" 화를 내며 황급히 자리를 떴다.

알람브라 궁전은 관용의 정신으로 완성된 건축물이다. 북아프리카에서 건너온 무어인들이 건설했다. 무어인들은 스페인을 약 팔백 년간 통치하면서도 아랍의 전통에 따라 다른 종교에도 관용을 베풀었다. 이후 무어인들은 결국 기독교 세력에게 함락당한다. 당시 스페인의 왕이었던 이사벨라는 그라나다 왕국을 멸망시켰지만, (그녀 또한 관용의 정신을 베풀어) 아름다운 알람브라 궁전만은 그대로 두었다고 한다.

이러한 연유 탓에 알람브라 궁전은 르네상스, 이탈리아, 무어 양식 등이 혼재된 문화적 다양성의 산물로 남아 있을 수 있었다. 세계문화유산으로 등재되어 있으며 인도 타지마할의 모델이 되었다는 설도 있다.

#아름다움의 완성은 # 관용 한 스푼

스페인의 클래식 기타리스트 프란시스코 타레가(Francisco Tárrega)는 사랑에 실패한 마음을 달래러 스페인을 여행하다가 알람브라 궁전을 보았다고 한다. 그는 이곳의 아름다움에 큰 감명을 받고 세계적으로 유명한 〈알람브라 궁전의 추억〉을 작곡했다. 아마 사랑의 상처도 이곳에서 아물지 않았을까.

관용과 사랑의 장소, 알람브라를 둘러보는데 자꾸만 마음이 편치 않다. 처음에는 무례한 남자를 응징했다는 생각에 고소했지만, 한편으로는 내가 뱉은 말로 인해 그가 상처받은 표정을 지은 게 마음에 걸린다. 고작 이런 일로 알람브라 궁전에서 오랜만에 만난 동포에게 상처를 주는 사람이 되다니. 나는 도대체 왜 이러는 것일까. 모르겠다. 아무리 생각해도 이 모든 일이 그가 알람브라처럼 아름다운 사람이 아니어서 벌어진 일만 같다.

원칙주의자와
대충주의자

스위스에서 스페인까지 야간열차를 타고 이동하기로 했다. 고생을 좀 한 뒤라 큰마음 먹고 일등석 칸을 예약했다. 내가 지닌 유레일패스는 셀렉트 패스로 탑승할 날짜를 수기로 적어 놓고, 검표원이 검사할 경우 보여주기만 하면 되는 티켓이다. 총 열흘의 날짜만 적을 수 있는 한정적인 표였지만, 날짜를 적은 날에는 기차를 몇 번이고 타도 상관없었다. 다만 밤에 출발하여 다음 날 오전에 도착하는 야간열차의 경우, 탑승일이 아니라 도착일을 적어야 한다. 그런데 나는 탑승일을 적어

놓고 검표원이 들어오자 당당히 표를 내밀었다.

검표원에게 야간열차에 대한 룰을 듣자마자 배낭만 들고 도망치고 싶었다. 그러니까 나는 기차를 타지도 않은 날을 기입하여 하루치 티켓을 날려 먹었고, 검표원에게 벌금을 내야 한다. 어차피 볼펜으로 적어서 수정도 할 수 있겠다(날짜도 16일을 17일로 고치듯 어려운 날이 아니라, 17일을 18일로 고치듯 쉬운 날이었다), 날짜도 고작 하루 정도의 차이겠다, 지금 열차 칸에는 검표원과 나밖에 없겠다, 한 번만 봐달라고 사정을 했다. 그러나 그는 단호했다. 이미 벌금이 얼마 부과될 것인지 나에게 보여주고 있었다. 이쯤 되니 볼멘소리가 튀어나왔다.

"아 거, 대충 좀 하지."

대충 넘어갈 줄 모르는 원칙주의자를 좋아하지 않았다. 본인은 얼마나 완전무결하다고. 사람과 사람이 사는데 융통성이 있어야 할 게 아닌가. 아니나 다를까 이런 부류의 사람들은 괜히 일을 복잡하게 만든다. 사회생활을 하는 동안 나는 외부의 요구 사항을 내부에 관철시키는 일을 담당했다. 외부는 내부를 살찌워주기 위해 존재하는데 가이드라인에 좀 맞지 않으면 어떤가. 끝까지 내부 규정 운운하면서 팀의 문제를 부서의 문제로, 전 회사의 문제로 만들어 결재 라인을 복잡하게 만든다. 다 같이 식사하러 갔는데 원산지 표기 안 했다고 식사를 거부하는 사람들, 음담 패설 한 번 재미로 넘기지 못하는 사람들, 모두 다 여기에 포함되었다.

덕분에 나같이 '대충'의 미학을 찬양하는 사람은 이런 이야기들을 쉽게 들을 수 있었다.

"얘는 성격이 남자같이 털털해."

"요즘 아이들 같지 않게 의리가 있다니까."

그런 말들을 칭찬인 줄 알고 훈장처럼 여기며 살았다. '대충, 대충'을 좋아하는 이들과 대충 어울리면서.

늘 그렇듯 술자리에서는 여러 이야기가 오갔다. 누군가가 아는 동생이 성추행을 당했다는 이야기를 들려주었다. 회사 상사가 집에 가려는 동생의 가방을 뺏고 본인의 집에 가자고 손목을 잡아당겨 택시에 억지로 태웠다는 이야기. 그녀는 가방을 두고 도망갔는데 다음 날 상사가 사과도 없이 가방을 돌려줬단다.

"그래서 동생은 어떻게 했대, 신고했대?"

"아니 뭘 그 정도로 신고를 해. 원래 술 마시면 다들 실수 한 번씩은 하니까, 대충 넘어가라고 내가 말해줬지."

아, 그때 '대충'이라는 단어를 듣고 나서 깨닫게 되었다. 이 사회를 병

절대 대충 볼 수 없는
유레일 창밖 풍경

들게 만드는 단어가 '대충'이라는 것을. 지극히 오래된 갈등, 시급히 개선되어야 하는 문제들도 이 단어와 섞이면 방부제 처리가 되어버린다는 것을. 나는 우리 사회에 고쳐야 할 점이 많다는 것을 동의하면서도, 정작 문제를 제기하는 자들을 달가워하지 않으며 살았다. 아무 때나 '대충, 대충'을 말하는 우리는 비열했다. 기득권에 붙어 그들의 비위를 상하지 않기 위해서 원칙을 무시했다. 원칙주의자야말로 이 사회의 병폐를 공론화하는 용기 있는 자였다.

원칙주의자 검표원은 기어이 벌금을 챙겨서 떠났다. 열차의 일등석은 방 안에 화장실도 있었다. 칫솔을 들고 화장실을 줄 서서 기다리지 않아도 되는 것도 황송한데 샤워 시설까지 딸려 있었다. 심지어 다음 날 아침 식사까지 포함되어 있는 것이 아닌가. 나는 이름 모를 아름다운 산맥만 보면 알프스라고 불렀는데, 역시나 열차 창밖으로 알프스가 펼쳐지고 있었다. 그림 같은 풍경을 바라보며 오믈렛을 먹었다. 너무 아름다워 시간 가는 줄도 몰랐다. 어차피 마지막 정거장에서 내리면 되니까. 마음껏 창밖을 바라보았다. 이것만으로도 벌금에 대한 아쉬움이 날아가는 듯했다.

열차가 바르셀로나에 도착하자, 캐리어를 끌고 나가려는데 검표원을 다시 마주쳤다. 일등석을 타는 손님답게 인사를 건네려는데 그가 말했다. 열차가 세 시간 연착되어, 일부 환불받을 수 있다고 말이다. 고작 세 시간인데! 그 정도는 창밖을 보며 내가 대충 때울 수 있는 시간인데! 창구에 가니 현금으로 환불해주었다. 기쁨에 겨워 돈뭉치를 움켜쥐며 중얼거렸다.

"아, 역시 원칙주의자가 인류를 구한다."

거짓이어도 상관없다. 이제는 정말 그렇게 믿기로 했다.

누에보 다리에서
여행자가 되다

스페인의 아름다운 협곡 마을 론다(Ronda)는 구시가지와 신시가지를 잇는 누에보 다리(Puente Nuevo)로 유명하다. 이곳에서 헤밍웨이가 경치를 감상하며 (때로는 투우를 즐기며) 『누구를 위하여 종을 울리나』를 집필했다고 한다. 론다는 아주 작은 마을이기에 스페인을 방문하는 대부분의 사람들은 당일치기로 보고 오는 마을이다. 신시가지에서 출발해 누에보 다리 위에서 협곡을 내려다보고, 투우장을 돌면 반나절 일정이 딱 들어맞는다.

그런데 나는 왜 사흘이나 머물렀는지 모르겠다. 누에보 다리 위에서 협곡을 구경하다가, 진짜 누에보 다리를 보기 위해서는 협곡 아래서 다리를 올려봐야 한다는 말이 번뜩 떠올랐다. 아침에 눈 뜨자마자 무조건 협곡의 아래로 내려가보기로 했다. 지도도 없이 행군했다. 아래로만 향하면 되었기에 길은 단순했다.

그러나 구시가지는 확실히 신시가지와 비교하면 포장된 도로가 적었다. 게다가 위에서 내려다볼 때는 가까워 보였는데, 막상 협곡 아래에서 걷다보니 누에보 다리는 언제 도착할지 모를 만큼 멀었다. 어느새 시간은 한참 지나 정오를 가리키고 있었다. 힘을 내기 위해 맥주 몇 잔을 곁들여 푸짐하게 점심을 먹었다.

협곡의 아래를 향한 여정을 계속하다가 드디어 누에보 다리가 한눈에 보이는 나만의 전망대를 찾았다. 그곳에는 아무도 없었다. 콜럼버스가 신대륙을 발견한 것처럼 기쁜 마음에 연신 사진을 찍어댔다. 그러나 기쁜 것도 잠시, 돌아갈 길을 생각하니 막막했다. 게다가 아까 마신 맥주로 인하여 화장실이 급했다. 아무리 걸어가도 화장실은 보이지 않았고, 위기를 느낀 나는 결국 협곡의 아래에서 볼일을 해결할 수밖에 없었다.

설상가상으로 천둥번개를 동반한 비가 쏟아졌다. 우산도 없었다. 속

여행자 직위를 하사받을 수 있는
#론다 #누에보 다리
심봤다!

옷까지 쫄딱 젖은 꼴로 신시가지에 도착하니 대부분의 레스토랑이 영업 마감 준비를 하고 있었다. 그렇지 않아도 비수기인데 폭우까지 쏟아지니까 조금 일찍 하루를 마치는 것이었다. 서둘러 문이 열려 있는 추로스 가게에 들어갔다. 추로스를 주문할 수 있냐고 물어보니, 종업원이 위아래로 나를 훑으며 말한다.

"Why?"

음식을 주문하는데 왜라니……. 이 기상천외한 답변을 받으니 사고 회로가 정지되어 말문이 막혔다. 간신히 정신을 차리고 기어들어가는 목소리로 "배가 고파서……." 답하니 그녀가 말한다. 오늘은 영업이 끝났으니까 나가라고. 쫓겨나면서 가게에 있는 거울에 비친 내 모습을 보니 거지가 따로 없다. 아무리 봐도 관광객의 몰골은 아니었다.

굶주린 채 숙소로 돌아오면서 피식 웃음이 터져 나왔다. 한국에서 한 번도 해본 적 없는 경험들이었다. 지도도 없이 길을 걷고, 영역 표시도 하고, 속옷까지 젖은 몰골 덕분에 가게에서 쫓겨나고. '이제 내가 관광객에서 여행자가 되어 가는군.' 스스로 여행자 직위를 하사했다. 여전히 모든 일에 서툰 엉터리 여행자이지만 말이다.

이곳은
WIFE Zone

오늘도 영상 통화 한 번으로
열흘 치 그리움을 이겨냈다.

외국에서는 무선 인터넷에도 등급이 있다. 인터넷 창이 잘 넘어간다면 상등급. 메신저만 가능한 정도라면 중등급. 회오리처럼 로딩 중이라는 표시만 뜬다면 하등급이다. 이런 처지라 영상 통화가 가능한 무선 인터넷은 정말 희귀한 최상등급이었다. 영상이 끊이지 않고 나오는 날에는 관광을 포기하고 하루 종일 통화만 했다.

남편과 영상 통화를 하면 많은 것을 알 수 있었다. 집안 꼴이 어떤지, 건강은 어떤지, 회사 일이 잘 풀리는지 등등 말이다. 남편은 아직도 3대미스터리로 나의 속을 꿈는다. 요즘 건강한 식단을 먹고 있다는 거짓말도 영상 통화 한 번이면 꼬리가 밟힌다.

"혹시 오늘 패스트푸드 먹었어?"

"어떻게 알았어?"

"화면 모서리의 쓰레기통에 햄버거 포장지가 보여."

하루는 집에서 키우는 강아지 뽀슬이의 상태가 심상치 않아 보여 남편을 추궁했다. 여느 때와 같이 회사에서 돌아온 남편은 돈가스를 주문했다고 한다. 포장을 벗기고 막 먹으려던 차에 화장실 신호가 오더란다. 시원하게 볼일을 보고 나오는데 식탁에는 달랑 돈가스 두 조각만 남아 있었다. 남편은 자고 있던 뽀슬이를 탐문했다. 주둥이를 보니 돈가스의 튀김 가루로 뒤범벅 사태였다고. 한바탕 혼을 내고 난 뒤라 뽀슬이가 시무룩하게 있다는 것이었다.

내 새끼에게 손대는 날에는 너도 가만두지 않겠다며 으름장을 놓고 영상 통화를 끊은 뒤 잠자리에 들었는데……. 맨밥에 돈가스 두 조각만 먹었을 남편을 생각하니 안쓰러우면서도 자꾸만 웃음이 터졌다. 오늘도 영상 통화 한 번으로 열흘 치 그리움을 이겨냈다.

#너에겐 WIFI Zone #나에겐 WIFE Zone

Part 2
마음껏
방황해도
괜찮아

얼떨결에 맛본
모로코 가정식

나는 분명 유럽을 여행하고 있었다. 스페인 론다의 게스트 하우스 주인장이 한국인들의 여행 패턴에 대해 빈정대기 전까진 말이다. 그는 하루나 이틀 정도 한 도시에 머물다가 돌아가는 여행에서 뭐가 남겠냐며 정말 이해할 수 없다고 했다. 그건 진짜 여행이 아니라고 하도 강조하기에 나는 발끈하여 "그래 그럼, 지금 여기서 네가 생각하는 진짜 여행은 뭔데?"라고 물어봤고……. 그의 대답은 페리로 국경을 넘어 아프리카를 가라는 것이었다. 그렇게 나는 아프리카로 가는 페리에 몸을 실었다. 아무런 대책도 계획도 없었다.

모로코에서의 이동은 쉽지 않았다. 페리에서 내려 세 시간 정도 탕헤르에 머물며 겪었던 일들은……. 자신의 택시를 타라는 수많은 호객꾼들을 제치고, 버스터미널을 알려 달라고 경찰을 찾아갔더니 호객꾼들을 가리키며 "그냥 택시 타라"고 그런다. 구시렁대며 한 시간 걸어가 버스터미널을 발견했더니, 이젠 아실라(Asilah) 행 버스는 없다고 다들 거짓말한다.

물어물어 아실라 행 버스를 타서 창가 쪽에 조용히 앉아 있는데 웬 여자애가 나를 가리키며 본인 자리라며 난리를 친다. 나도 함께 예약석도 아닌데 왜 비키라고 하는 거냐 늦게 왔으면 곱게 옆에 앉던지 다른 데로 꺼지라고 좌석을 손바닥으로 팡! 내리치니 그제야 옆 좌석에 조용히 앉는다. 버스 밖에서는 싸움이 났는지 한 시간째 출발하지 않고 있다. 그때 밖에서 한 남자가 다급히 나를 부른다. 빨리 내리라며, 잘못 탔다며 버스 짐칸에서 손수 내 짐을 빼더니, 앞장서서 다른 버스로 인도한다.

바보같이 버스도 똑바로 타지 못한 내 자신을 스스로 자책하며, 또 땡큐를 남발하며, 그와 함께 다른 버스로 갔는데 버스 기사가 아실라 행이 아니란다. 내 짐을 들어주던 그 남자는 아까 그 버스가 맞다며 자기가 착각했다고 미안하단다. 괜찮다고 웃었더니 어쨌든 자기가 짐을 들어줬으니 팁을 달라고. 하……. 결국 머리가 아파서 '그냥 택시' 탔다. 뭐지, 이 진 것 같은 기분은.

모로코에서 첫 번째로 나의 발목을 잡았던 것은 무수히 많은 호객꾼들이었고, 두 번째는 언어(모로코는 프랑스 식민지였기에 영어보다는 불어가 통용된다), 그리고 세 번째는 공휴일로 인한 대중교통의 운행 정지였다. 하염없이 길을 걸어가고 있으니 택시 한 대가 와서 섰다. 택시 기사는 오늘은 큰 명절이라 아무 것도 운행하지 않는다며 반드시 자기 택시를 타야 한다고 말했다. 아실라에서 쉐프샤우엔(Chefchaouen)까지 가는 금액은 매우 비쌌지만, 나에겐 선택의 여지가 없었다.

택시는 조금 부산스러웠다. 기사 아저씨는 출발한 뒤 오 분마다 잠시 볼일이 있다며 나를 두고 내렸고, 급기야 오늘은 명절이니 잠시 자기도 집에 들러야겠다며 차를 돌렸다. 그쯤 되니 다 포기하고 제발 당일에만 도착해주기를 간절히 바라게 되었다.

택시는 아담한 가정집 앞에 정차했다. 한 할머니가 집에서 뛰쳐나와 엄청난 환영의 인사를 건넸다. 기사의 어머니였다. 할머니는 한사코 거절하는 나에게 밥을 먹고 가라며 대문을 열었다. 그런데……. 모로코

하루에도 수십 번씩 밀당하는
마약 같은 모로코

명절은 집에서 양을 잡는 날이었다. 마당에 피가 흥건한 채, 가족 모두가 옹기종기 모여 양을 잡고 있는 게 아닌가. 내가 비명을 지르자 그의 가족은 하던 일을 멈추고 집 구경을 시켜주겠다며 안내를 했다. 그런데 창고를 열면 양 가죽이 쌓여 있고, 아궁이를 열면 양의 발목을 태우고 있는 식의 풍경이 이어졌다. 그들이 안내를 할 때마다 아찔해질 수밖에 없었다.

현기증이 나서 잠시 앉아 있겠다며 식탁에 자리를 잡았다. 그런데 방금 잡은 양의 간을 내온다. 할머니는 온화한 표정으로 핏물 가득한, 살짝만 익힌 따뜻한 간을 내 손에 쥐어주었다. 차마 거절하지 못하고 나는 그 간을 〈6시 내 고향〉 리포터마냥 우걱우걱 먹었다. 아직 눈을 부릅뜬 양의 머리를 대문에서 보고 결심했다. '이번엔 반드시 채식주의자가 될 거야!' 물론 그 결심은 늘 그렇듯 다음 식사 전까지만 유효했다.

베르베르족과
사막 위의 하룻밤

여행자들이 모로코로 들어오는 방법과 출발지는 제각각이지만 목적과 종착지는 대부분 동일하다. 사하라에서 사막 투어를 하기 위해 마라케시(Marrakech)로 모이기 때문이다. 사하라는 세계에서 가장 광대한 사막으로 그 면적이 860제곱킬로미터에 이른다. 그곳을 밟기 위해선 오전 일곱 시에 각국의 사람들이 모여 미니버스에 몸을 구기고 종일 이동해야 한다. 여행 다녀온 이들의 후기를 보면 멀미약을 먹는 게 좋다고 했으나 나는 스스로 워낙 튼튼하다고 자부해서 먹지 않았다. 출발하자마자 약간 후회했다. 조수석에 앉는 게 좋다는 후기를 따르지 않고 맨 뒷자리에 앉았다가 하루 종일 머리를 천장에다가 박아댈 땐 사실 많이 후회했다. 역시 여행 후기는 믿는 게 좋다.

중간중간 관광지에서 쉴 수 있어 다행이었다. 아틀라스 산맥은 거인 아틀라스가 메두사의 눈을 보고 굳어 생긴 산이라고 알려졌는데 모로코, 알제리, 튀니지까지 약 2천 킬로미터에 걸쳐 형성되어 있다고 한다. 에잇 벤하두(Aït Benhaddou)는 영화 〈글래디에이터〉 촬영지라고 했다. 그러거나 말거나 나는 다시 미니버스에 타야 하는 게 걱정이었다. 수학여행을 가는 아이들이 버스에서 자리를 정하듯이 미니버스도 각자 자기 자리가 정해져 있었다. 나는 겨울 패딩을 꺼내 터번처럼 머리에 둘둘 감고 잠을 청했다.

사하라의 초입인 메르주가에 도착했을 때는 이미 해가 저물고 있었다. 낙타를 타고 이동해야 한다며 현지인인 베르베르족이 다들 승마한 경험 있냐고 물었다. 뭐……. 에버랜드나 제주도에서 타고 한 바퀴 돌아본 적 있으니까 나는 아예 없진 않다고 얼버무렸다. 마침내 낙타 타기가 시작되었다. 낙타는 다리 길이 자체가 말보다 길었다. 게다가 낙타의 뒷다리는 관절이 두 개, 그중 하나는 앞으로 접힌다. 때문에 조금만 움직여도 상하좌우로 흔들리는 진폭 자체가 엄청나다. 엉덩이에서 피가 나는 기분이었다. 고통스러운 낙타 타기가 끝나자 드디어 사하라에서 우리가 일박을 할 텐트가 보였다.

사막의 밤은 베르베르족의 축제로 시작한다. 모닥불 피워 놓고 전통 악기를 연주한다. 대충 들어도 귀찮음이 가득한 연주였다. 모두 제 일행과 대화를 나누기에 혼자 온 나는 대화가 뚝뚝 끊기기 일쑤였다. 자리를 벗어나서 텐트 주변을 걸었다. 베르베르족 청년이 부리나케 달려와 언덕 위로 가자고 치근댄다. 이곳에 오기 전 버스에서 만난 디에고가 한 충고가 떠올랐다. 혼자 여행하던 여자친구가 베르베르족의 추파로 고생했다고 하니 조심하라고 말이다.

베르베르족 청년은 언덕에서는 별이 훨씬 잘 보인다고, 같이 가면 나에게만 더 좋은 것들을 보여주겠다고 성화다. 디에고의 충고도 있었고 이미 유부녀였던 나는 정중하게 거절하며(그래 봤자 노땡큐가 전부지만) 텐트로 몸을 돌렸다. 돌아오는 길에 얼핏 하늘을 보니 정말로 별이 쏟아질 것 같았다. 그러나 별에 눈길을 줄수록 베르베르족 청년이 더욱 치근대서 빠른 걸음으로 돌아왔다. 텐트에 몸을 눕히니 남편이 보고 싶었다.

저 멀리서 보면
나도 빛나는 이 별의 일부겠지

베드버그
습격 사건

한국에서 나는 다소 큰 체격에 속한다. 덕분에 덩치가 크다며 이런저런 농담을 많이 들었다. 하늘이 무너져도 너에게 기대면 된다느니, 수영 초급 과정을 들으러 간 나에게 혹시 수영 선생님이시냐, 음식을 조금만 먹으면 원래 큰 건물은 유지비가 많이 드니까 양껏 드시라 등등……. 그렇기에 남편과 쇼핑을 하면 항상 부끄러웠다. 남편은 키 190센티미터에 발 사이즈 300밀리미터의 소유자였다.

예를 들면 이런 식이다. 여성 기성화의 항상 끝 사이즈를 담당하는 내가 점원에게 다가가 "이 구두도 250사이즈가 나오나요?" 조용히 물어 보면 늘 한결같은 대답들이 돌아온다. "손님 죄송하지만, 그 사이즈는 주문을 하셔야 해요." 여기도 사이즈가 없다며 오늘 쇼핑 접자고 남편에 게 말하면 불평 가득한 투덜거림이 들려왔다.

"대체 왜 이 조그마한 아가한테 맞는 게 없어?"

그러면 가게에 있던 모든 손님과 직원들이 웃음을 참을 노력도 하지 않고 소리 내어 웃어댄다. 나는 그저 얼굴이 시뻘개져서 남편 멱살을 잡고 가게를 뛰쳐나올 수밖에 없다. 신발 가게면 그나마 부끄러움이 덜하다. 옷 가게에서 자랑스레 내 허리 사이즈를 큰소리로 외쳐 모든 사람의 이목을 끌며 점원을 부를 때는 살인 충동마저 든다.

그런데 낯선 이국에서 사이즈를 걱정할 일이 생겼다. 이른바 베드버그 습격 사건. 마라케시의 리아드(Riad, 모로코의 전통가옥)에서 베드버그의 습격을 받았다. 자다가 몸이 간지러워 긁다 보니 모기 물린 자국이 아니었다. '혹시 말로만 듣던 그 베드버그?' 새벽에 불을 켜고 흰 침대보를 다 뒤집어 보니 그제야 베드버그 한 마리가 눈에 띄었다. 그 위력은 역시 대단했다. 잠깐 침대에 누웠을 뿐인데 순식간에 백 군데도 넘게 물렸다. 곧바로 샤워를 하고 모든 소지품을 빨았다. 그 동안에도 나는 벌

으랏차차~~~
우리는 마음을 가꿀 테니
여러분은 몸을 가꿔주세요

레에 물리고 있었다. 인터넷을 찾아보니 모든 옷을 버리는 게 최선이라고 나온다. 눈에 띄지 않는 옷깃 사이에도 베드버그는 몸을 숨긴다고. 결국 가지고 있던 옷을 몽땅 버리고 여름 옷을 새로 구매하기로 했다.

디자인이나 가격보다 사이즈가 먼저 고민됐다. 여기서도 내 사이즈는 라지 사이즈라 따로 주문해야 한다고 하면 어쩌지, 하며 근심을 가득 안고 옷 가게에 들어갔다.

들어서자마자 나보다 플러스 사이즈로 추정되는 사람들이 눈에 띄었다. 살짝 안심했다. 그래도 끝까지 긴장을 늦출 수 없었다. 한국에서 이런 식으로 방심했다가 낭패를 본 일이 많았으니까. 마음에 드는 티셔츠를 고르고 라지 사이즈를 꺼내보았다. 웬걸, 라지도 미디엄도 몸에 대보았으나 컸다. 선택의 폭이 넓었다. 심지어 타이트하게 나오지 않은 디자인은 스몰 사이즈까지 입을 수 있었다. 신이 났다. 나도 모르게 중얼거렸다.

"우씨, 조그마한 아가 맞잖아."

사회생활을 아는
가이드

그녀는 모든 세상의 좋은 일이 나에게만 일어난 것처럼
말끝마다 "Like you"를 붙였다.

페스(Fez)는 미로와 같은 구시가지 전체가 세계문화유산
으로 등록돼 있다. 천 년의 역사를 간직한 약 구천여 개의 골목은 이방
인들이 함부로 돌아다닐 수 있는 규모가 아니다. 이 골목들은 사막의 모
래폭풍과 적의 침입으로부터 메디나(Medina, 구시가지)를 보호하기 위하
여 만들어졌다. 그러니 나 같은 미물이 감히 침투할 수 있는 길이 아니
었다. 그 전날 한참 고생했기에 숙소를 통해서 가이드 투어를 신청했다.
특이하게 일대일 가이드였다. 누가 보아도 아름답게 생긴 그녀는 서비

스 정신으로 무장된 사람이었다.

그녀가 페스 곳곳을 설명하는 방식은 다음과 같았다.

"저건 뭐야?"

"우리가 피부가 고와지기 위해서 바르는 거야. 너처럼."

"저건 뭐지?"

"우리가 부자들과 결혼을 할 때 사용하는 것이지. 너처럼."

그녀는 모든 세상의 좋은 일이 나에게만 일어난 것처럼 말끝마다 "Like you"를 붙였다. 기분이 나쁘지 않았으나 걱정이 되었다. 내가 가진 돈이 많지 않아서 팁을 원하는 만큼 줄 수는 없을 터인데…….

역시나 사회생활을 잘할 것 같은 그녀의 가이드 투어는 쇼핑 강요가 많았다. 애초에 가게에 들어갈 때부터 나는 몸서리치기 시작했다. 내가 정말로 돈이 없다는 비장함을 얼굴에 가득 담고 "쇼핑은 곤란해." 하고 말했으나 그녀는 또 특유의 화법으로 넘어간다.

"그냥 구경만 하라는 거야. 우리가 아름다워지기 위해서 입는 것이거든. 너처럼."

그렇게 그녀가 쇼핑의 소용돌이에 나를 던져 놓자마자, 먹이를 발견한 피라냐 떼처럼 상인들이 모여들었다. 본인들이 파는 옷과 가방들이 얼마나 질이 좋은지, 얼마나 세계에서 합리적인 가격인지 떠들어대기 시작한다. 나는 일관적으로 돈이 없어, 쇼핑할 생각 없어, 외쳤지만 그들은 이미 내 몸에 옷과 가방을 두르고 있었다. 이것저것 걸치니 기괴한 패션이 완성되었음에도 훌륭하다고, 누가 보아도 너를 위한 상품이라고 입을 모은다. 미안하지만 이들의 열정을 꺾어야만 했다. 텅 빈 지갑을 보여주었다.

"이것 좀 봐……. 이게 내가 가지고 나온 돈 전부야."

그 말이 끝나기가 무섭게 나에게 두른 옷이며 가방은 원상 복구가 되었다. 그들은 신경질적으로 내 가이드를 부른다. 알아들을 수는 없지만 그녀에게 항의하는 듯했다. 어디서 이런 거지를 데려왔어! 하고. 그녀도 짜증 섞인 눈빛으로 나를 쳐다보았다.

그 후로 그녀가 나를 대하는 태도가 크게 달라지지는 않았다. 역시 사회생활을 아는 여자였다. 그러나 "Like you"가 붙는 위치가 달라졌다. 예를 들자면 다음과 같은 식이다. 내가 꿀단지를 가리키며 "저건 뭐지?" 물어보자 그녀가 방긋 웃으며 대답했다.

"저건 우리가 살이 찌고 싶어서 먹는 거야. 너처럼."

가이드 투어란

NO MONEY, NO HONEY

그래서 아름다운
포르투의 군밤 맛은?

나는 다시 홀로 남았다. 할아버지를 처음 만났던
돔 루이스 1세 다리로 돌아가 남은 군밤을 외로이 먹었다.

그러니까 나는 그저 포르투갈 군밤은 맛이 좀 다르나 해서 사 먹고 있었다. 현지인 할아버지를 만나기 전까지는 평화롭게 군밤을 씹으며 포르투(Porto)의 환상적인 경치를 구경하고 있었을 뿐이다. 할아버지가 갑자기 내 옆에 앉아 포르투의 역사며, 돔 루이스 1세 다리(Ponte de D.Luis 1)의 건축가가 누군지 등을 설명해주기에 들고 있던 군밤을 권했다. 할아버지는 (군밤을 권한 나에 대한 보답인지, 군밤 드시고 힘이 나셨는지 알 수 없으나) 포르투를 구석구석 구경시켜주겠다며 자리에서 벌떡 일어났다.

나는 망설였다. 그러자 이번에는 본인의 명함을 건네며 믿을 만한 사람이라고 확신을 주고자 노력한다. 여행 관련 사무실을 운영하고 있고 오늘은 휴일이라 나왔다가 나를 만났다고 한다. 휴대전화에는 할아버지의 사무실을 거쳐간 사람들의 사진이 저장되어 있었다. 시력도 좋지 않은데 안경을 껴 가며 휴대전화에 저장된 사진을 일일이 보여주는 모습이 퍽 감동적이어서 결국 따라가기로 결심했다.

마침 노을이 지는 아름다운 시간이었다. 우리는 노을 보기 좋은 장소로 이동했다. 고작 나 같은 이방인을 위하여 할아버지는 긴 언덕을 넘었다. 거친 숨을 몰아 쉬며 올라온 할아버지의 성의에 나는 더욱 감동하여 태어나서 지금까지 봤던 노을 중, 다섯 손가락에 꼽는다고 호들갑을 떨었다.

이미 해는 지고 어두워져서 집에 가려고 하는데 한 군데 더 보여주겠단다. 가까운 곳인지 여쭤보니 십 분 거리라고 한다. 알았다는 내 대답이 떨어지기가 무섭게 갑자기 바로 앞에 주차된 차 문을 연다. 십 분 거리가 차로 십 분이었다. 차 문을 열고 할아버지가 외친다.

"야, 타!"

생각지도 못한 전개에 당황했다.

"차로 이동하는 곳이면……. 안 갈게요."

그러자 설마 본인을 못 믿는 거냐며 길길이 날뛰는 할아버지. 나 때문에 목이 쉬어라 역사도 설명해줬고, 언덕도 넘었는데. 그래서 최대한 조심스럽게 거절했다. 나란 인간은 겁이 많아, 만난 지 한 시간 된 사람을 믿는 건 어렵다고 말이다.

할아버지는 말로 설득하는 것을 포기했는지 나를 차에 구겨 넣으려고 몸소 밀어대는데……. 애석하게도 나는 키 170센티미터에 66사이즈의 체격을 지닌 건장한 젊은이였다. 단 한 발짝도 밀리지 않았다. 할아버지는 아무런 소득 없이 진땀만 빼서 화가 났는지 나에게 준 명함을 다시 돌려달라고 했다. 머뭇거리며 주머니에서 꺼내니 그것을 빼앗아 벅벅 찢어버리곤 돌아갔다.

나는 다시 홀로 남았다. 할아버지를 처음 만났던 돔 루이스 1세 다리로 돌아가 남은 군밤을 외로이 먹었다. 이미 해가 져 다리에는 조명이 켜 있었고, 그 빛이 도루(Douro)강을 비추어 강변 일대는 더욱 아름다웠다. 황홀했다. 다만 군밤이 절반이나 사라진 게 옥의 티였다.

야,타!
You Only Live Once
한 번 사니까 안 타는 거예요 ㅜㅜ

365일
어설픈 기품

엄마는 항상 "사람은 어떤 경우에도 기품을 잃어서는 안 된다"고 했다. 물론 내적 기품이 아닌 외적 기품을 강조했다. 무작정 소비를 하며 겉모습을 꾸미라는 말씀은 아니었다. 엄마는 가지고 있는 소품들로 최대한 자신을 깔끔하게 가꿔야 나갔던 복도 돌아온다고 굳게 믿었다.

문제는 난 365일 어설펐다는 것이다. 뭐가 기품 있는 것인지도 분간하지 못했다. 회사에 다니면서야 처음으로 화장을 시도했다. 그러나 직장 동료들은 내 아이라인을 보면 이렇게 말했다.

"혹시 그 아이라인, 택시 안에서 그린 거예요?"

상황이 이와 같았기에, 회사를 그만두자마자 처음으로 배워야겠다 싶었던 게 화장이었다. 백화점 문화센터에 등록했다. 노트를 가져가 필기까지 했다. 그러나 오래 다니지는 못했다. 아이라인을 그리는 시간이었다. 선생님이 누군가를 찾기 시작한다.

"까뒤집어진 눈을 가진 사람?"

그런 눈이 대체 어떤 눈일지 그려보는 나의 상상력은 부족했으나, 누가 선택되든지 정말 민망하겠다고 생각했다.

"없어요? 한 반에 꼭 한두 명씩은 있는데……."

선생님은 아쉬워하며 수강생들 눈을 하나씩 살펴보기 시작하시는 게 아닌가. 그리고 내가 선택되었다.

"여러분, 여기 봐요. 까뒤집어진 눈은 아이라인을 그릴 때 그냥 마구 칠해야 해. 이런 눈은 답이 없어."

그렇게 수강생들 앞에서 아이라인 시연을 당했고, 나는 새빨개진 얼굴로 다음 수업부터는 나오지 않겠다고 다짐했다. 기품은 화장 대신 다른 것으로 채우기로 했다.

여행을 하는 동안에는 그날 부끄러움을 참고 수업을 끝까지 들을 걸, 후회가 밀려왔다. 유럽은 동네를 산책하는 할아버지까지 기품이 철철 넘친다. 패션은 물론 화장까지 어느 하나 소홀하게 하고 돌아다니는 사람이 적었다. 나는 늘 엇비슷한 등산복을 입고 삐뚤빼뚤 아이라인을 그리고 돌아다니니 기품이 떨어지는 것 같았다. 숙소에 돌아오자마자 캐리어를 열고 오랫동안 간직하고 있던 머드팩을 뜯었다. 얼굴에 치덕치덕 발랐다. 부족한 화장술 대신 윤기가 흐르는 피부로 기품을 채우리라. 머드팩이 얼굴에서 점점 말라 가고 있었다. 그때였다. 화재경보기가 울렸다.

게스트하우스에서 화재경보기가 울리는 건 그렇게 드문 일이 아니었다. 알람 시스템이 고장 나서, 혹은 누군가가 잘못 눌러서……. 이번에도 대수롭지 않게 여겼다. 그런데 바쁘게 계단을 내려가는 사람들 소리가 들리기 시작했다. 문을 살며시 열고 복도를 보는데, 옆방에 머물던 독일 여자애가 물에 젖은 머리로 뛰어나가며 말한다.

"너 지금 나와야 해!"

그러고 보니 밑에서 올라오는 연기가 심상치 않다. 얼른 수건으로 얼굴을 닦고 부리나케 건물 밖으로 나왔다. 이미 소방차가 도착해 있었다.

사람들은 침착했고 게스트하우스의 직원들은 체계적으로 움직였다. 그들은 헬멧을 쓰고 투숙객들을 유도하고 있었다. 소방관이 원인을 파악했다. 부엌에서 누군가가 요리를 하다가 무엇인가를 태워 먹은 것으로 결론이 났다.

그렇게 게스트하우스는 기품이 넘치던 본래의 모습으로 돌아왔다. 나 혼자 머드가 덜 닦여 얼룩덜룩한 얼굴로 기품을 완성하지 못했지만 말이다.

쌓는 것은 항상 어려운데
잃는 것은 왜 순간일까···

기　품 : 1 ⬛ (−999)

우리는
극과 극의 사람

이번 다툼은 인도행 비행기를 끊으려다가 시작됐다.

전차가 지나갈 때 외에는 큰소리가 날 일 없는 리스본. 그 평화로운 도시에서 나의 목소리는 높아져만 갔다. 휴대전화 너머의 상대방도 호락호락하지는 않았다. 여행을 떠난 뒤 첫 부부싸움이 시작되고 있었다.

남편과 나의 취향은 극과 극이다. 심신이 편안할 때는 그의 취향이 신선하다. 내가 가지지 못한 것을 가진 사람처럼 보이기에 호기심이 일기도 한다. 그러나 심신이 편안하지 않은 대다수 경우에는 마찰이 생긴다.

쌀떡보다는 밀가루 떡을 좋아하고, 형식보다는 내용을 중시하고, 집 안에서 이불 껴안고 굴러다니는 게 인생 최고의 행복이며, 산이 아닌 바다를 찾아다니는 남자라니. 직접 경험을 중시하는 나와 달리, 인류의 최대 성취는 간접 경험이라며 여행도 매체를 통해 경험(어릴 때는 내가 이런 남자를 좋아할 줄 상상도 못했다)을 한다. 또 본인의 취향에 대해서는 오죽 확고한가. 우리는 마치 거래하듯 각자의 취향을 양보해야만 했다. 예를 들면 이런 식이다.

"얼마 전에 쌀떡 먹었으니 이번에는 밀가루 떡이야."

"하지만 점심에 네가 좋아하는 양념갈비 먹었잖아. 저녁은 내 차례니까 떡볶이는 쌀떡으로 먹어."

모든 일이 식사 메뉴를 정하듯 한 번 양보하면 내 차례가 돌아오는 그런 쉬운 일이었으면 싸우지 않을 텐데. 나나 남편이나 결혼 생활이 처음이라 아무래도 미숙한 시절이 있었다. 그럴 땐 합의에 도달하기까지 몇 시간이고 대화했다. 처음에는 전혀 성격이 다른 사람들이 하나의 결론을 만들어낸다는 게 놀라웠다. 다툼이 끝나면 마치 '남북 협상 극적으로 타결'이라는 헤드라인이 붙어도 과장이 아닐 만큼 만족스러운 표정이 되는 거였다. 나는 우리 부부의 다투는 방식에 자부심마저 느꼈다.

이미 합의한 사안을 내가 자꾸 깜빡 잊는다는 건 문제였다. 이미 합의된 내용으로 재차 대결을 시도하니 승률이 형편없었다. 나는 싸움이 시작되면 모든 것을 걸겠다는 승부사 기질이 나온다. 항상 싸움을 거는 것도 나였고, 사과하는 것도 나였다. 싸움의 마지막은 비참했다.

"잘못했어."

"뭘 잘못했는데?"

"……."

"뭘 잘못한지도 모르고 또 대충 무마하려는 거야?"

이런 상황이니 다투는 방식에 대한 자부심이고 뭐고 남편에 대한 사랑이고 뭐고 반드시 이긴다, 네가 나한테 빌게 만든다는 마음만 가득 차 있었다.

이번 다툼은 인도행 비행기를 끊으려다가 시작됐다. 유럽을 돌다 보니까 여행에 자신감이 생겼다. 나의 여행은 발전하고 있었다. 짐을 꾸리는 일이 쉬워졌다. 출발 전에는 여백 없이 옷을 토해내던 캐리어였는데 빈 공간이 생기기 시작했다. 현지인이 많은 맛집에서 혼자 밥을 먹는 일은 이제 어려운 축에도 끼지 않았다. 가고 싶던 곳이 생기면 시간이 걸려도 어떻게든 방법을 알아냈다. 번거로워도 가방에는 자물쇠를 달아 소매치기의 침입을 한순간도 허용하지 않았다. 어디 그것뿐인가. 간혹 있던 추파에는 동요하지 않고 무표정을 지켜낼 수 있을 정도였다. 언제까지 위험 때문에 몸을 사리는 겁쟁이로 살 수는 없지 않은가.

인도는 절대 가지 않겠다고 남편과 합의했지만, 지금까지 안전하게 여행을 했으니 다시 논의해도 될 것 같았다. 남편에게 인도에 대한 좋지 않은 기억을 심어준 사람은 친구의 남편이었다. 인도에서 살았던 그가 이런 이야기를 했다고 한다. 인도는 정말 '언제 어디서 누가 사라져도 모를 나라'라고. 그리고 다른 곳은 몰라도 인도만큼은 가족을 절대 여행 보내지 않을 것이라고.

요즘이야 워낙 인도의 치안에 대해 부정적인 뉴스가 많지만, 그 당시에는 지금만큼의 체감은 아니었다. 게다가 오늘 아침엔 나보다 훨씬 가녀린 학생이 제 키만 한 배낭을 메고 인도를 간다며 숙소를 나섰다. 그러니까 괜히 오기를 부리고 싶었다. 인도도 사람 사는 곳이니까 다 똑같다니까? 사고가 일어나는 것은 일부라니까?

물론 남편도 그러한 점들을 알고 있었다. 하지만 그런 사고가 아주 적은 확률이라도 일어날 수 있으니, 그런 도박에 나를 맡기고 싶지 않다는 게 남편의 주장이었다. 여행을 떠난 후 처음 싸우는 거라 그런지 유독 남편의 주장이 귀에 들어오지 않았다. 더 고집을 부리고 싶었다. 인생에 한 번 올까 말까 한 기회인데, 그냥 몰래 갈까? 여러 생각들이 꼬리를 물었으나 바로 접었다.

애초에 이길 수 없는 싸움이었다. 내가 환상적인 풍경을 보며 사진을 찍을 때, 맛있는 음식을 먹을 때, 남편은 불안한 마음을 다독이며 잠자리에 들었을 것이다. 부부는 함께 인생을 보내기 때문에 어쩔 수 없이 '타인'이라는 삶을 지고 살아간다. 현재는 세계일주를 하는 부인이라는 (남들이 보기엔 다소 해괴한) 짐을 지고 있는 남편이 아닌가.

늘 그렇듯 익숙한 타이밍에 사과했다.

"잘못했어."

역시나 익숙한 답변이 이어진다.

"뭘 잘못했는데?"

집요한 남편이라는 짐을 나는 당분간 안고 살아가야 할 것 같다.

"탕수육은 처먹입니다. 탕! 탕! 탕!"

자유의 도시를
인증하는 법

자유를 느꼈다. 붉어진 얼굴로
오비두스를 감싸 안고 있는 성벽을 돌았다.

리스본의 숙소에서 너무 오래 머물렀나보다. 주인이 게스트하우스에 들어오는 신참들을 나에게 보내곤 했다.

"저 여자에게 물어봐. 어제 내가 말한 지역을 다녀왔어."

그저 리스본이 마음에 들어서 일주일째 머물고 있는 중인데 주인은 매일 아침 새로운 정보를 알려주는 비서마냥, 자꾸 리스본에서 가까운 근교 여행지를 알려줬다. 감사한 마음으로 그곳에 찾아가는 것도 한두 번이지. 마주칠 때마다 계속해서 정보를 가져오니 내 체력이 바닥나기 시작했다. 결국 내 특기인 '적극적으로 듣고 행동하지 않기'를 몇 번 보여주었더니 크게 상심한 듯했다. 그리하여 몸이 좋지 않음에도 무언의 압력에 떠밀려 오비두스(Óbidos)를 가기로 결심했다.

왕이 왕비에게 선물한 도시, 진자(Ginja) 술의 재료가 되는 진자의 원산지, 포르투갈의 산토리니 등의 정보를 가지고 출발했다. 리스본에서 버스로 한 시간 반 밖에 걸리지 않았다. 다소 늦은 시간에 출발해서인지, 비수기여서인지 모르지만 마을 전체가 비어 있는 듯 스산했다. 그리스 산토리니도 비수기에는 과연 이런 풍경일지. 파란 하늘과 대비되는 하얀 벽이 인상적이었던 산토리니가 여름의 도시라면, 오비두스는 가을의 도시다. 곳곳에 페인트칠이 벗겨져 있고 보수를 필요로 하는 건물이 보였다. 도시는 전반적으로 쓸쓸한 분위기였는데 나는 그게 더 마음에 들었다. 혼자 여행하는 사람은 활기찬 도시에서 더 외로워지니까.

진자 술은 엄지손가락 크기의 초콜릿 잔에 담아 판다. 일 유로다. 먼저 술을 따라 마시고 진자 술을 담은 잔은 안주로 먹는다. 독한 술이지만 진자 자체가 달콤하고, 뒤이어 초콜릿이 입안으로 들어오니 독한 줄도 모르고 마시게 된다. 이 술로 인해서 오비두스는 나에게 완벽한 도시가 되었다. 대부분 가게마다 진자 술을 팔았는데 모두가 한 잔씩만 주문하기에 혼자서 두 잔 이상 주문하기가 민망했다.

나는 곳곳에 있는 가게를 순회하며 한 잔씩 사서 마시기로 했다. 진자 술이 워낙 독해서 나는 이미 취기가 올랐다. 그래서 들어갔던 가게에 또 들어가 술을 사기도 했다. 종업원은 (본인의 가게에서) 고작 한 잔 마시고 얼굴이 붉어진 내가 이해되지 않는 듯 미간을 찌푸리며 "더 마셔도 괜찮겠어?" 물어보곤 했다.

자유를 느꼈다. 붉어진 얼굴로 오비두스를 감싸 안고 있는 성벽을 돌았다. 좁은 폭과 낮은 난간으로 안전이 허술해 보였지만 상관없었다. 성벽을 돌고 있는 사람은 나뿐이었다. 성벽에서는 마을 전경이 모두 내려다 보였다. 왕복으로 돌면 한 시간이 걸린다는데, 술김에 어떻게 돌았는지 기억도 나지 않았다. 성벽에서 내려와 구석진 곳에서 잠시 쭈그려 앉아 쉬려는데 무엇인가 눈에 들어온다. 쓰임을 다한 피임 기구였다.

화들짝 놀라 얼른 자리를 피했다. 나도 모르게 불쾌해졌다. 아무리 자유로운 척해도 이런 광경을 보면 고개부터 돌리게 된다. 자유와 방종도 구분 못하는 자들 같으니라고. 술도 올라왔겠다, 술김에 추운 줄도 모르고 성벽 투어를 했겠다, 느닷없이 타인의 사랑의 흔적도 봤겠다, 속이 메슥거리기 시작한다. 입맛도 뚝 떨어진 게 아무래도 체한 것 같다. 카페에

가서 따뜻한 물을 마셨다. 그래도 울렁이는 속은 나아질 겨를이 없다.

사실 아까부터 브래지어를 풀고 싶었다. 하필 오늘 따라 볼륨업 브래지어를 입어서 이 사단이다. 그러나 내가 누군가. 동방예의지국에서 온 사람 아닌가. 도무지 이 얇은 니트에 내가 여성인 흔적을 보여주며 다닐 자신이 없었다. 그러나 카페를 나가면서 거울에 비친 내 얼굴을 보고 생각을 바꿨다. 입술이 파란 게 예의 차리다가 객사할 행색이었다. 황급히 브래지어를 벗어버렸다.

이로써 오비두스는 나에게 다시 자유의 도시가 되었다. 입술은 다시 제 색을 찾았다. 나는 기념품으로 살 진자 술을 찾았다. 양손 가득 기념품을 들고 정거장에서 리스본 행 버스를 기다렸다. 그런데 하필이면 동방예의지국에서 온 또 다른 여행자들이 있었다. 손에 기념품을 잔뜩 들고 있었기 때문에 나는 여성의 흔적을 가리지도 못하고 그들에게 노출시켰다.

우리는 서로 못 본 척하며 버스를 탔다. 어색한 기류가 흘렀다. 자유와 방종을 구별하지 못하는 여자 같으니라고. 그들의 시선에서 내면의 소리를 읽을 수 있었다.

다소 억울했지만 괜찮았다. 그저 빨리 숙소로 돌아가서 술이나 진탕 마시고 싶었다. 이번에는 속옷까지 모두 벗어던지고 말이다.

LET
ME
OUT

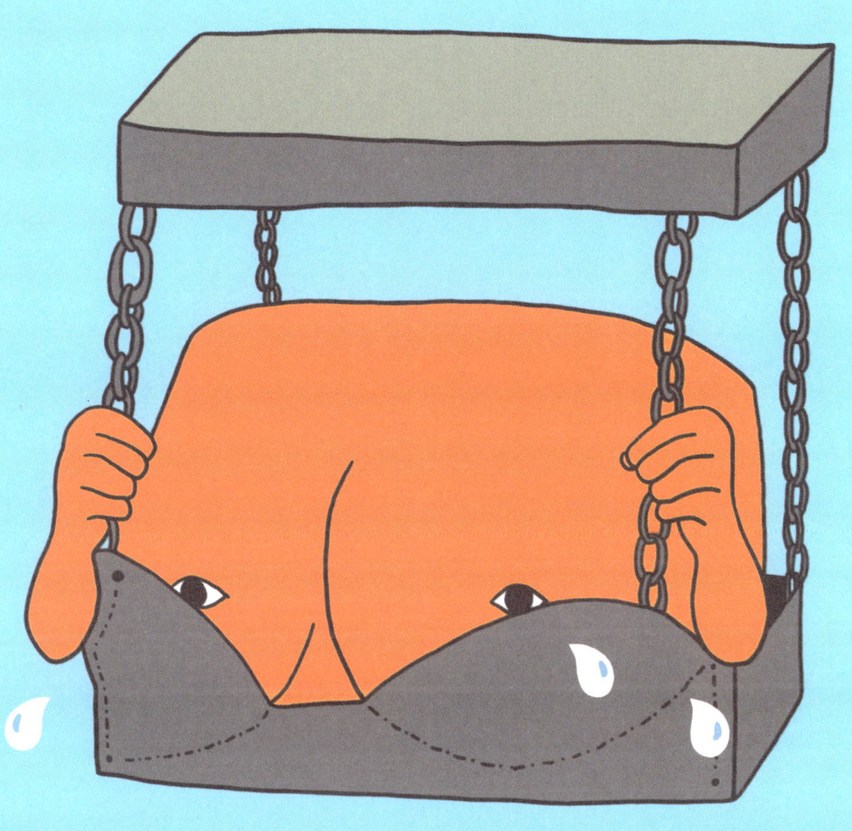

#그들에게 #자유를

더도 덜도 아닌
O도씨 내 인생

미적지근한 내 인생도
그 나름대로 궤적을 만들고 있었다.

나는 지금 스카이다이빙을 할까 말까 고민하고 있다. 이곳은 스카이다이빙이 싸기로 소문난 체코, 세계일주를 하는 여행자라면 누구나 이 정도의 경험은 하고 돌아간다. 서울대공원의 88열차도 타지 못하는 내가 스카이다이빙을 한다면 인생에 전환점이 될 수 있지 않을까. 그 경험이 나의 나약함을 지배하지 않을까.

대학 다닐 때 소설 수업을 수강하게 됐다. 과제로 단편소설을 써서 에이 플러스를 받았다. 항상 바닥에 깔린 점수만 휩쓸던 내가 에이 플러스라니. 또다시 '급한 성격'이 발동했다. 숨은 내 재능을 알게 된 줄 알고 의기양양했다. 마침 백만 원짜리 공모전이 있기에 재능을 테스트하고 용돈이라도 타볼까 하고 작품을 보내려 했다. 그게 화근이었다.

당시 술자리에 나를 종종 불러주시던 문인이 있었는데 작품을 응모하기 전에 검사받을 요량으로 들고 갔다. 그분은 내 출력물을 보지도 않고 옆에 계신 소설가 한 분에게 넘겼다. 그 소설가는 두어 장 휘적휘적 보더니 이렇게 말했다.

"이 소설의 제목은 「0도씨」로 하세요. 얼음이 되기에 모자라고. 그렇다고 펄펄 끓어서 수증기가 되기에도 한참 모자라는."

주변에 몇몇은 조언해주는 게 너무 부럽고 멋지다며 손뼉을 쳤지만 나는 고개를 들 수가 없었다.

"네 소설은 쓰레기야, 종이가 아깝다." 차라리 이렇게 말했으면 나도 통 크게 웃으며 "백만 원 한번 타보려고 그랬습니다." 하며 웃었을 테다. 살면서 그렇게 통찰력 있게 지적당한 건 처음이었다.

당시 나는 하고 싶은 일이 없었다. 학점을 더 받기 위하여 공부하고, 더 많은 술 약속을 잡기 위하여 인간관계를 맺는 일만 반복했다. 나에게는 하고 싶은 일도, 어느 곳에 취업할 열정도, 그 회사를 때려치우고 나올 용기도 없었다. 단지 내 출력물(소설이라 부르기도 부끄럽다)뿐만 아니라 나의 삶도 0도씨였다. 집에 가서 소설을 고쳐보겠다고 자리에서 일어났지만, 미적지근한 삶을 남한테 들키게 한 나의 '급한 성격'만 나무랐다.

스카이다이빙을 하기로 결심했다. 중개한다는 숙소에 갔다. 아저씨가 멋진 선택이라고 했다. 젊을 때 자신을 하늘에 던진다는 것이 얼마나 멋진 일인지 일장 연설을 늘어놓았다.

"아저씨는 언제 처음 해보셨어요?"

갑작스레 궁금하여 물어보았다. 그런데 아저씨는 말을 더듬었다.

"아, 그게……. 음, 내가 처자식이 있어서. 못하고 있어."

결제를 취소하고 돌아오는 길에 생각했다. 회사를 때려치우고 세계 일주를 떠났지만, 옆에서 보면 나는 아직도 0도씨일 것이다. 얼음이 되거나 수증기가 되지 못했으니까. 그것이 99도가 되었어도 마찬가지이지 않을까. 굳이 나에게 맞지 않는 경험으로 온도를 더 올려보려는 짓은 이제 하지 않기로 했다. 미적지근한 내 인생도 그 나름대로 궤적을 만들고 있었다. 나는 그게 마음에 든다.

물론 멋지고 부러워
하지만 난 내가
그려온 길이 좋아

그저
지기 싫어서

나는 노래방이 죽도록 싫다. '트라우마'가 생기기 위해서
는 딱 한 번의 경험이면 충분하다. 내가 사춘기를 앓는 학생이었을 때,
가족과 함께 간 노래방에서 이런 일이 있었다. 남동생이 노래를 완창하
자 기립박수까지 치며 환호하던 엄마는, 다음 순서인 내가 노래를 시작
하자 한숨을 내쉬었다.

"쟤는 도통 노래에 대해서 모른다니까."

엄마는 내가 노래할 차례만 되면 1절만 듣고 꺼버리기, 나의 음이탈

"

을 흉내 내기 등으로 확인 사살을 했다. 그 후로 노래방은 나에게 공포의 장소였다.

노래 잘 부르기로 소문난 대학 친구는 툭 하면 노래방을 가고 싶어 했다. 미팅을 나가면 초반에는 이목을 끌지 않았던 친구였다. 헌데 노래만 시작하면 남자들에게 항상 추앙을 받는 것이다! 나는 그녀가 노래방에 가자고 하면 끝까지 저항했다. 그러나 미팅을 할 때마다 내 의견은 다수에 묵살당했고 그 친구는 인기를 독차지했다. 특정 장소에 대한 호불호와 이유는 개인의 경험에 따라 이토록 다르다.

어느 날 저녁, 빈의 숙소에 머물던 여행자들이 하나둘 모여 앉았다. 우리의 손에는 오전에 게스트하우스 직원에게 추천받은 오스트리아 대표 맥주가 들려 있었다. 빈 맥주병이 쌓여 갈수록 대화는 길어졌다. 그리고 누군가 가장 좋았던 여행지가 어디냐는 질문을 던졌다. 여행자들 사이에서 흔히 오가는 질문이지만 나는 고민했다. 다른 사람이 앞서 대답한 여행지와 겹치지 않지만 의미 있고 그럴싸한 장소를 대답하기 위해서. 왠지 모르게 다른 이들을 이겨야 한다는 생각이 들어, 남들이 가 보지 않았을 만한 여행지를 떠올리느라 바빴다. 내 순서는 마지막이었다. 내가 말하고 싶은 여행지는 점점 발 디딜 곳을 잃어 가고 있었다.

어디를 말해야 할지 결정을 내리지 못하고 있는데 내 차례가 되었다.
앞에 있던 남자가 자기는 맨 마지막에 대답하겠다며 비겁하게 순서를
피하는 바람에 갑작스럽게 내 차례가 된 것이다.

"어느 여행지가 가장 좋으셨어요?"

남의 이야기를 듣지 않고 이런저런 생각만 하던 중에 시선이 집중되
니 딸꾹질을 하듯 대답했다.

"파리요."

망했다. '여행' 하면 누구에게나 툭 떠오르는 파리. 그렇다고 최근에
내가 방문한 곳도 아닌 파리를 대답했다. 정신을 집중해야만 했다. 노래
방처럼 사람에 따라 장소는 다른 의미다. 의미를 만들자. 역시나 질문이
바로 뒤따라왔다.

"파리요? 이유는요?"

"명품이 어마어마하게 싸더라고요."

#언제 어디서든
#왕따적 체질
cheese~

타이타닉이
내 이야기 같아

유럽을 돌아다니면서 가장 좋았던 점 하나를 꼽으라면 길거리 공연 관람이라고 말하고 싶다. 수준 높은 공연들이 많기도 했지만 아마추어 연주자가 기타 하나 메고 나와서 노래 부르는 일도 허다했다. 그러나 연주 수준의 차이가 감동의 차이로 이어지지는 않았다. 오히려 떨리는 목소리, 균일하지 않은 기타 소리가 그의 첫 공연을 더욱 감동적으로 이끌어냈다. 물론 흥미롭지 않았던 공연들도 있었다. 명곡을 재해석하는 것이었는데, 분명 재해석이라는 단어에도 불구하고 천편일률적이었다. 세계인

"

들이 알 만한 발라드 음악을 레게, 보사노바 등으로 편곡하는 것 말이다.

빈은 '음악의 도시'답게 어딜 가나 사방이 무대였다. 길거리 공연을 즐기는 것만으로 종일 시간을 보내도 좋았다. 이번에는 영화 〈타이타닉〉 주제곡을 바이올린으로 연주하려 하고 있었다. 뻔한 편곡만은 아니기를 바라며 첫 시작을 듣는데 내가 원하던 (영화관에 몇 번이고 찾아가 들었던) 주제곡 원형 그대로였다.

눈을 감고 〈타이타닉〉의 장면들을 하나씩 떠올려본다. 잭의 자유분방한 매력에 로즈는 자신의 삶을 옭아매던 코르셋을 벗어던지고 조금씩 마음의 문을 열었다. 단 삼 일간의 사랑이었음에도 그를 잊지 않으며 '진짜' 자신을 위하여 살아간다. 자유분방한 남편을 만난 덕분에 빈까지 와서 이 곡을 듣고 있자니, 〈타이타닉〉이 마치 남편과 내 이야기 같다. 감동에 젖어 남편에게 문자를 보냈다.

"우리 타이타닉의 잭이랑 로즈 성격을 똑 닮은 것 같지 않아?"

남편에게 곧바로 답장이 왔다.

"똑같지. 잭은 물속에서 죽어가는데, 자기는 널빤지 위에 올라가 있으면서 추워 죽겠다고 얘기하는 로즈랑……."

휴대전화를 껐다. 음악 감상할 때는 전원을 켜두는 거 아니라고 했다.

추억을 상영해드립니다
필요한 것은 오직 약간의 시간과 잔돈뿐

추억을 상영해드립니다
필요한 것은 오직 약간의 시간과 잔돈뿐

매일이 여행 첫날처럼
행복할 수는 없다

그녀는 삼겹살을 가리키는 내 손을 보고 자신의 배를 움켜쥔다.
뱃살 부위인데 괜찮겠냐는 의미 같았다.

한번은 이유 모를 통증에 쉽게 잠들기 힘들었다. 장기 여행의 난처함이 바로 이런 거다. 적지 않은 시간과 돈을 들여 돌아다니지만, 매 순간이 여행의 첫날처럼 설레고 행복할 수는 없다.

언젠가 취미로 그림을 그리던 친구의 솜씨가 뛰어나기에 아예 전공으로 삼기를 권한 적이 있다. 그 친구의 대답이 충격적이었다.

"난 그림 그리는 것을 정말 사랑하기에 '업'으로 삼고 싶지 않아."

그랬다. 취미를 직업으로 하는 순간 고통이 뒤따른다. 나는 평소에는 그토록 술 마시기를 좋아했으나 거래처와 미팅하며 술을 마시면 즐겁지 않았다. 여행도 마찬가지. 치열하게 삶을 살다가 잠깐 휴식을 취하고 떠난다면 취미일 뿐이다.

그러나 장기 여행으로 접어드는 순간 여행은 직업이 되어버린다. 낯선 곳에서의 이동에 대한 두려움, 가족에 대한 그리움, 계속 달라지는 환경에 적응하느라 만신창이가 되어버리는 몸, 풍경에 대한 역치가 높아져서 찾아오는 매너리즘……. 이런 것들이 현실로 다가오기에.

나 역시 직업병에 걸린 여행자처럼 할슈타트(Hallstatt)에 가는 배에 몸을 실었다. 숙소를 예약하지도 않았다. 보통 당일치기나 하루 정도 머물다 간다니까 나도 그리 하겠지 생각했다. 선착장에서 가까운 숙소를 둘러보았다. 일박에 구십 유로나 하는 굉장히 비싼 방이었다. 그러나 마을을 더 돌아다닐 힘도 없어 그곳에 머물렀다.

할슈타트를 방문한 사람들은 알겠지만 반나절이면 마을에 대한 파악이 끝난다. 소금 광산에 들렀다가 마을을 돌아다니는 백조들과 사진 몇 컷 찍으면 끝이다. 나도 그렇게 관광 코스를 돌고 숙소에 돌아오는데 정육점이 보였다. 밖에 나가서 음식을 사 먹고 싶지 않아 싸구려 소시지나 구매할 생각으로 들어갔다. 그런데 눈에 띄는 부위가 있었다. 이리저리

누구나 힐링할 수 있게 만드는 풍경

삼겹살

보아도 삼겹살이다.

혹시나 하여 진열대의 유리를 툭툭 치니 주인아주머니가 나온다. 그녀는 삼겹살을 가리키는 내 손을 보고 자신의 배를 움켜쥔다. 뱃살 부위인데 괜찮겠냐는 의미 같았다. 기쁨에 벅차 "오케이!" 외치고 신문지에 둘둘 말린 삼겹살을 건네받았다.

숙소로 돌아와 삼겹살을 구웠다. 할슈타트 소금 광산에서 나온다는 비싼 소금을 고기 위에 솔솔 뿌렸다. 배추는 고추장에 볶아 밑반찬을 만들었다. 어른들이 보시면 '역시 국산이 최고'라는 말이 나올 정도로 후 불면 풀풀 날리는 외국 쌀로 밥도 지었다. 소주가 아쉬웠으나 이 정도면 훌륭했다.

그렇게 닷새 동안 숙소에서 밖에 나가지도 않고 삼겹살 덮밥을 먹었다. 이따금 주인 할아버지가 문을 두드리며 나의 생존을 확인했다. 그 식단으로 완쾌했다. 장기 여행자 직업병에서 나아서 본 할슈타트의 풍경은 아무리 봐도 질리지 않았다. 일어나자마자 창문을 열면 작은 마을이 한눈에 들어왔다. 항상 강 위로 안개가 꼈다. 안개가 하도 짙어서 안경을 찾아 끼기 전까지는 눈이 내린 줄 착각하곤 했다. 낮에는 이 마을을 급하게 둘러보는 관광객들로 북적였고 해가 질 무렵에는 이들과 실랑이 하느라 바빴던 주민들이 하나둘 집으로 돌아갔다. 그렇게 집마다 불이 켜지면 크리스마스트리에 불이 들어오듯 할슈타트는 반짝이기 시작한다. 잠깐 둘러보고 떠났다면 내가 이 풍경을 누릴 수 있었을까.

이 여행을 다시 감사하게 되었다. 삼겹살 덮밥으로 장기 여행의 매너리즘을 극복했다고 하니까 좀 민망하다. 그저 초심으로 돌아가야 '업'이라는 강을 건널 수 있다는 것, 그리고 그것이 본인이 좋아하는 분야일수록 꽤 큰 진통제가 될 수 있다고 대충 포장하고 싶다.

웅장한 유적지를 방문해도, 아름다운 풍경을 보아도 감탄사가 나오지 않는다면 당신은 매너리즘에 빠진 것이다. 아마 장기 여행자 대부분이 이를 피하지 못한다. 어차피 피하지 못한다면 짧고 굵게 앓자. 개인적으로 효과를 봤던 극복 방법들을 소개한다.

변화

산해진미도 매일 먹으면 질린다. 지금까지 고수하던 여행 방식을 바꿔보자. 아주 사소한 것이라도 좋다. 아침마다 계획을 세우고 숙소를 나섰다면 지도를 두고 나가보자. 지금까지 일행이 없이 다녔다면 동행을 만들어보자. 하루를 마무리하며 술을 마셨다면 낮술을 마셔 보자. 같은 재료라도 레시피에 따라 요리가 달라지듯, 작은 변화가 활력을 불어넣을지 모른다.

휴식

피곤하면 제아무리 절경이라도 눈에 들어오지 않는다. 여행에서 가장 중요한 것은 체력이다. 무조건 반사적으로 계획을 세우고 거리를 떠돌던 일을 잠시 중단하자. 여행은 낯섦과의 마주침이다. 늘 새로운 환경에 적응해야 하니 피로하지 않을 수 없다. 시간이 아깝다는 생각이 들겠지만 정말 아까운 것은 무의미한 체력, 감정 소모임을 명심하자.

쇼핑

아마 지금까지 당신은 하루하루 가계부와의 전투를 치렀을 것이다. 그러나 오늘만큼은 잊어버리자. 먹고 싶었던 것, 입고 싶었던 것, 바르고 싶었던 것들을 사자. 스트레스도 해소되겠지만 무엇보다 쇼핑한 물품들을 사용하기 위해서라도 내일 하루가 기다려질 것이다. (만족도의 지속은 가격표에 0이 몇 개 붙었느냐에 따라 다르겠지만.)

인정

여행은 매 순간 행복하고 즐거울 것이라는 기대가 있다면 빨리 포기하는 게 좋겠다. 청소하고 밥하고 빨래하고 짐을 챙기고……. 자질구레한 허드렛일이 하루의 대부분을 차지한다. 장기 여행도 결국 일상이 된다는 것을 인정하자. 지나친 기대가 일상의 작은 즐거움을 누리지 못하게 만들지 모른다.

반추

여행을 떠나기 전 자신의 모습을 떠올려보자. 이 여행이 얼마나 힘들게 얻은 기회인지 기억해낸다면 아마 모든 순간이 감사할 것이다. 그래도 별로 감사하지 않다면, 마지막으로 내일 출근 예정인 친구에게 전화를 하자. 배부른 소리 집어 치우라는 말에 정신이 번뜩 들지도 모른다.

Part 3

함께
떠났다면
몰랐을 순간들

자존감 회복을 원한다면
터키로 가라

한국에서 인정머리 없는 미의 기준에 지쳤다면 당장 터키로 떠나기를 추천한다. 간혹 외국 영화를 보다가 '정말 저런 말을 듣고 사는 사람들이 있을까?' 하고 생각하게 만들던 멘트들이 곳곳에서 쏟아진다. 뷰티풀, 고저스, 스위트, 섹시⋯⋯.

그날도 터키 남자에게 사진 한 장 찍어달라고 부탁했을 뿐이었다. 그런데 자존감 회복 멘트가 이어진다.

"한국에서 왔다고? 나 너 알아."

“어떻게?”

“너 톱 모델이잖아. 그렇지 않고서야 이렇게 아름다운 사진이 나올 수 없어.”

나의 광대는 이미 하늘로 승천했다. 유적지가 다 무너질세라 호탕하게 웃으며 땡큐, 땡큐 외치고 돌아다니다가 우연히 그 남자를 다시 마주치게 되었다. 그런데 이 터키 남자, 이번에는 웬 중국 여자에게 작업 중이었다.

“중국에서 왔다고? 아닐 거야. 넌 엔젤이니까.”

아, 인간계 대 천상계라……. 내가 패했다. 자존감을 회복하고 싶다면 남이 하는 말은 너무 새겨듣지 않는 것으로.

어둠을 밝히는 이 램프들도
네 앞에서는 빛을 잃겠지

비 오는 이스탄불의
이상한 여자

그날 이스탄불에는 하루 종일 비가 왔다. 비를 피하려고 아야소피아 성당에서 죽치고 앉아 있다가 지루해져서 나가려는 순간이었다. 출구 쪽에서 혼자 여행 중인 듯한 동양인 아저씨를 보게 되었다. 홀로 사진을 찍어보겠다고, 고정이 되지 않는 카메라를 여기저기 모퉁이에 세우기 위해 안간힘을 쓰고 있었다. 밖으로 나가려는 인파에 떠밀려 내 몸도 밀려가고 있는데, 자꾸만 아저씨가 떠올라 가슴속에서 짠한 뭔가가 올라오는 거다.

저 아저씨는 분명 영어가 짧겠지……. 사진 한 장 남기고 싶은데 차마 말은 못하겠고, 그렇다고 사진을 안 찍고 돌아가자니 아야소피아가 너무 환상적이고……. 아빠 생각도 나고……. 그리하여 결국 재입장해서 그 아저씨를 찾아냈다. 영어를 못할 것 같으니 보디랭귀지를 동원해 "사진 찍어드릴까요?" 여쭤보았다.

"아, 그래 주면 감사하죠. 그런데 이 카메라가 복잡해서 이렇게 돌리고 여기를 누르면 됩니다. 이왕이면 허리 자르지 않고 풀샷으로 찍어 주세요."

영어를 못하기는커녕 유창한 영어 실력의 소유자였다. 나는 그 말을 듣다가 정신이 혼미해질 지경이었다. 사진을 후다닥 몇 장 찍어주고 가려는데, 아저씨는 왜 하필 자기에게 다가왔는지 굉장히 궁금해했다. 가까이서 보니 옷도 죄다 명품이고, 괜히 아빠뻘 아저씨에게 집적거리는 여자로 보이면 어쩌나 싶어 내 사진을 찍어준다는 것도 뿌리치고 뛰쳐나와버렸다. 아, 낮은 곳으로만 향하는 나의 호의여…….

근처 식당에 들어가 터키 전통주 라키(Raki)를 주문하고 희석 없이 벌컥벌컥 들이마셨다. "Good?" 물어보는 종업원에게 엄지손가락을 치켜들며 라키 예찬을 한참 떠드는데, 뒤에서 반가운 한국어가 들리는 것

\#비 오는 날 술이 당기는 건
\#자연의 섭리

이 아닌가? 고개를 돌려 쳐다보려는 찰나, "저 여자 대낮부터 깡술 먹어. 좀 이상해"라는 말이 한 남자에게서 나왔고……. 덕분에 나는 가게에서 나갈 때까지 한국인처럼 보이지 않게 용쓰며 비 오던 창밖만 바라보고 있었다.

날마다 달라지는
내 이름

"그렇다면 제 이름은 무슨 뜻이죠?"

학창 시절, 내 이름은 늘 국어 선생님들에게 인기가 많았다. 가람은 '강'을 뜻하는 순우리말이기 때문이다. 중고등학교 때는 주기적으로 자신의 이름을 한자로 쓰는 시간을 가졌는데, 고작 두 자이지만 한 글자 더 외우는 고통에서 해방되어 좋았다. 강이 모든 역사의 시발점이기에 이름에 대한 나름의 자부심도 있었다. 그러나 외국인에게 내 이름을 알려주면 난감한 표정을 짓는다.

"What? Ar……. Alram?"

가람이라고 유창한 발음까지는 바라지 않더라도 그들이 나를 부르면 내가 인식할 정도는 되어야 이름이 아닌가. 그다음부터는 이름에 대한 자부심은 버리고 라스트 네임인 '황'만 알려주고 다녔다. 그럼에도 불구하고 이름에 대한 에피소드가 몇 있다.

내 여권을 복사하고 다시 나에게 건네주던 게스트하우스의 직원이 비명을 질렀다.

"맙소사, 네 이름이 가람이라고? 가람?"

정확한 발음에 놀라서 끄덕이니 본인의 이름표를 가리킨다. 그의 이름은 'Karim'이었다. 전혀 다른 문화권에서 싱크로율이 75퍼센트에 달하는 이름을 만나다니. 둘이서 손잡고 빙빙 돌며 반가움을 표했다.

또 한번은 바르셀로나의 카사 바트요 건물 앞 벤치에서 쉬고 있는데 인도인이 말을 걸었다. 그는 유럽의 교회, 박물관에 너무 지쳤다고 했다. 두서너 나라를 다녔는데, 그게 그거 같다고. 구역질이 난다며 힘 빠진 목소리로 말했다. 그렇게 서로 통성명을 하는데 그가 갑자기 생기를 찾으며 소리친다.

"맙소사 네 이름에 'Ram'이 들어간단 말이야? 인도에서 이것은 엄청난 의미야! 신을 뜻하는 거라고!"

그가 나를 붙잡고 당장 기도라도 올릴 태세여서 간신히 빠져나왔다. 인도인 앞에서는 이름도 함부로 공유하면 안 되겠다고 생각했다.

터키에서는 한 남자가 "그 이름은 우리 한번 파티를 벌이자는 뜻"이라며 내 이름의 의미를 (성적으로) 진지하게 성찰하기를 바랐다. 물론 유부녀인 나는 그럴 수 없기에 부리나케 자리를 떠서 택시를 잡아탔다. 택시 기사가 너무 친절하여 방금 일어난 어이없는 에피소드를 말하며 놀란 가슴을 쓸어내렸다. 그러자 택시 기사가 말했다.

"너 그거 알아? 그들 모두 틀렸어. 네 이름에는 다른 의미가 있어."

나는 이제야 내 이름의 글로벌한 의미를 찾을 수 있는가 하여 귀를 세워 들었다.

"그렇다면 제 이름은 무슨 뜻이죠?"

두 손을 공손히 모아 질문했다. 그러자 그가 손을 내밀며 말한다.

"아직은 몰라. 하지만 네가 나에게로 오면 우리는 그 의미를 찾을 수 있어……."

이름

내 속엔 내가 너무도 많아

돌아가려면
무슨 짓이든 할 수 있어

단 한 번도 내가 '길치'라고 생각해본 적이 없었다.
게다가 이곳 카파도키아는 페스처럼 복잡한 길도 아니다.

카파도키아를 찾는 여행자들은 대부분 숙소가 밀집된 괴레메(Göreme) 지역에 머문다. 그러나 여행자들이 방문하길 원하는 지하 팔층 규모의 거대 도시 데린쿠유(Derinkuyu)나 영화 〈스타워즈〉 촬영지 등은 괴레메 지역과 약 삼십오 킬로미터 떨어져 있다. 덕분에 다양한 투어 프로그램이 발달해 있었다. 나는 욕심 많은 여행자답게 그곳들을 모두 훑어보는 '그린 투어'를 선택했다.

세상의 모든 기암괴석은 카파도키아에 모여 있다는 생각이 들었다.

파샤바(Pasabag) 지역의 바위들은 아무리 보아도 남근석이라는 이름이 어울릴 것 같았는데 버섯바위로 불렸다. '저것들이 한국에 있었으면 아들 낳게 해주는 바위가 되어 만지고 만져져 이미 닳아 없어졌을 것인데, 터키 사람들은 참 순수하군.' 따위의 생각을 하다 보니 어느새 투어가 끝났다.

한겨울이라 카파도키아의 모든 길이 금세 깜깜해졌다. 여행사 미니 트럭만이 그 길들을 밝히며 손님을 한 명 한 명 각자의 숙소에서 내려 주고 있었다. 모두가 내리고 드디어 나만 남았다. 운전사가 숙소를 물어 봤다. 숙소 이름을 말하자 처음 듣는다는 듯 고개를 갸웃거린다.

"가는 길 알아?"

"여기서 좌회전이야."

"확실해?"

모로코 페스의 메디나에서도 이런 질문을 받은 적이 있었다. 메디나는 구천여 개의 골목이 얽힌 미로와 같은 곳이다. 그러나 나는 근거 없이 스스로를 믿었다. 메디나 입구에 들어서자마자 안내를 해주겠다는 호객꾼들을 모두 제치고 무조건 직진한 것이다. 홀로 태너리(Tannery, 무두질한 가죽을 천연 염색하는 작업장)를 찾아갈 수 있다며 그들의 도움을

ATBC
NEWS
실종된 황씨, 남편 두고 떠난 유부녀
그러게 왜 갔대?
남편 밥은 어떻게 하고?
요즘 여자들이란 ㅉㅉ

완강히 거절했다. 포기하지 않고 따라오던 호객꾼이 갈림길에서 고민하던 나에게 말했다.

"절대 너 혼자서 그곳을 찾아갈 수 없어."

그러나 나는 대답도 고민도 하지 않았다.

"정말 그쪽이라 생각해? 확실해?"

등 뒤로 그의 외침이 들렸지만 씩씩하게 행군했다. 그런데 특정 갈림길에 도착하자 사람들이 나를 보고 웃음을 터트리기 시작한다. 그들의 웃음소리를 듣고서야, 그리고 나를 쫓아오던 그 호객꾼의 얼굴을 보고서야 내가 다시 갈림길로 되돌아온 것을 알게 되었다. 숙소를 찾을 때도 늘 헤맸으나 그저 외국이니까, 낯선 곳이니까 나 말고도 모두 마찬가지려니 하며 스스로 합리화했다. 단 한 번도 내가 '길치'라고 생각해 본 적이 없었다. 또 이곳 카파도키아는 페스처럼 복잡한 길도 아니다. 게다가이미 삼 일이나 머물지 않았는가.

나는 운전사의 질문에 힘을 주어 답했다.

"응, 좌회전이야."

"정말 확신해?"

"그럼, 오늘 아침에도 저 골목에서 나왔어."

그런데 운전사는 좌회전을 하지 않았다.

"헤이, 턴 레프트!"

다급해진 내가 외쳤다. 그러나 운전사는 대답 없이 묵묵히 직진하는 게 아닌가.

"뭐하는 짓이야! 턴 레프트! 턴 레프트!"

그러자 그가 낄낄거리기 시작했다. 아……. 눈앞이 캄캄해진다. 여행 다니면서 밤에는 절대 돌아다니지 말라던 남편의 말이 떠올랐다.

물론 다행스럽게도 우려하던 일은 일어나지 않았다. 운전사는 웃느라 정신이 혼미해진 표정으로 숙소 앞에서 차를 세워줬다.

"너 확실하다며? 그런데 틀렸어. 거기서는 직진이었어."

운전사가 장난을 친 것이다. 그제야 긴장이 풀려서 나 또한 장난이 좀 심했다며 희미하게 미소를 지었다. 그렇게 배꼽 잡고 웃는 운전사와 하이파이브를 하고 헤어졌다. 그러나 그는 모를 것이다. 내 손에는 언제든지 둔기가 될 수 있는 무거운 구형 DSLR 카메라가 들려 있었다는 것을. 그리고 나는 남편 곁으로 돌아가기 위해 무슨 짓이든 할 수 있는 사람이라는 것을.

이러지도 저러지도 못하는
삶에서 잠을 배웠다

보스포루스 해협(Bosphorus Straits)은 터키의 아시아와 유럽 지역을 나누는 해협이다. 보스포루스 유람선 투어는 마르마라(Marmara)해의 갈라타(Galata) 다리를 출발해서 해협 중간까지 갔다가 돌아오는 두 시간의 여정이었다. 크루즈에 대해 『죽기 전에 꼭 가야 할 세계 휴양지 1001』에서는 다음과 같이 언급했다. "보스포루스 해협의 크루즈는 옛것과 새것, 동양과 서양이 공존하는 이 도시를 경험할 수 있는 완벽한 방법이다."

설레는 마음을 잔뜩 품고 선착장으로 갔다. 유람선이 출발하자마자 흥분하여 난간에 매달려 사진을 찍어댔으나, 웬걸 이십 분 만에 질려버렸다. 배는 계속해서 앞으로 나아가는데 보이는 풍경은 거의 비슷했다. 배 안으로 들어와서 앉아 있자니 따뜻한 오후의 햇볕이 내가 앉은 좌석에 살포시 내려앉는다. 꾸벅꾸벅 졸음이 밀려왔다. 나는 낮잠을 빼먹지 않고 자던 사람이었다. 공교육, 사교육, 어떠한 교육을 받더라도 식후에는 졸았다. 고등학교 삼학년 때 교무실에 심부름을 가던 친구가 한 선생님이 나를 흉보는 것을 들었다고 한다.

"그 반 35번, 아무래도 나를 무시하는 것 같아. 내 수업 때마다 그렇게 잠을 잘 수가 없어."

그랬더니 다른 선생님이 나를 열심히 옹호하셨다고 한다.

"제가 일학년 때부터 봤는데 그 아이는 원래 5교시에 자요."

사회에 나가 돈을 벌면서 낮잠의 형태는 더욱 교묘해졌다. 고개를 뒤로 젖히거나 눕히고 자면 하수다. 손을 턱에 괴고 일하는 자세면 중간은 간다. 그러나 고수는 어떠한 지지도 필요하지 않다. 꼿꼿한 자세로, 눈만 살짝 감고 잠을 청하는 기술. 그렇게 힘들게 쌓은 기술을 여행 중에서는 활용할 일이 없었다. 시도 때도 없이 지갑을 노리는 소매치기 때문에 가방을 끌어안고 늘 주변을 경계해야만 했다. 스페인 지하철에서 잠시 졸던 사이에 내 가방의 지퍼를 열던 집시들이 떠올랐기 때문에 졸음을 떨치려고 애를 썼다. 그러나 피로가 쏟아졌다. 이때부터 내 눈꺼풀은 내가 들어 올릴 수 있는 성질의 것이 아니었다. 고개가 거의 뒤로 젖혀져서 하수의 자세가 나오기 시작했다. 그때였다. 이마에 시원한 바람이 스쳤다. '뭐지? 도착한 건가?'

눈을 떠보니 옆 테이블에 계신 할머니, 할아버지가 나를 보며 미소를 짓는다. 할머니가 입으로 바람을 불어 나를 깨워준 거다. 감사하다고 이야기하고 또 곧바로 졸아버렸다. 다시 할머니가 입으로 바람을 불어 나를 깨웠다. 몇 번이고 이 패턴을 반복하다가 결국은 잠에서 깼다.

항상 누군가를 깨우는 방법들은 소리를 지른다거나, 몸을 흔드는 식의 작은 폭력성을 띨 수밖에 없다고 생각했다. 그런데 이토록 부드러운 방법이라니. 유람선은 금세 선착장에 도착했다. 덕분에 가방도 지갑도 무사했다. 할머니는 자지 말라는 듯 어깨를 주물러주는 시늉을 하며 내렸다. 요즘에도 잠을 물리쳐야 하는 순간마다 터키 할머니가 불어주던 바람이 떠오른다.

#낮잠은 국적 불문
#할머니 품이 최고

아무도 나에게 말을 건네지 않을 때

이 화려한 유적지에 나만 일행이 없었다.
외로움에 무방비로 노출되니 울컥 눈물이 나왔다.

이십 년 넘게 내가 눈물이 없는 줄 알고 살았다. 초등학교 사학년 때, 서울에서 전학 왔다고 신고식으로 나를 두들겨 패던 아이들이 내뱉은 말 덕분이다.

"저 서울 아, 억수 독하네. 눈물이 없다 아이가."

사회생활을 할 때는 내 주변에 눈물을 흘리는 사람이 많았다. 앞에서는 모두가 우는 사람을 위로했지만, 돌아서면 아직 사회에 나올 준비가 되지 않았다며 흉을 봤다. 나 역시도 그 의견에 동조했다. 눈물을 흘려서 무엇이 달라진단 말인가. 모두가 먹고 살기 바쁜 이 냉정한 사회에서 '눈물'을 보이는 이유가 무엇인지 궁금하기까지 했다.

터키를 여행하면서 가장 많은 관광객을 볼 수 있었던 장소는 에페수스(Ephesus)였다. 고대 로마 시대의 유적이 비교적 잘 보존된 지역이라 그런지, 각국에서 여행 상품을 만들어낸 것 같았다. 에페수스의 유적지는 기원전 3세기에 세워졌지만 규모 면에서 현대 도시를 압도한다. 25만 명이 살았을 것으로 추정되는 이 유적지에는 원형극장, 신전, 도서관, 홍등가 등등의 모습이 남아 있었다. 카메라가 바빠졌다. 특히 셀수스 도서관(Celsus Library)은 그 아름다움과 규모에 나도 사진을 남기고 싶어졌다.

모두가 자신의 일행의 사진을 찍느라 바빠 보였다. 가장 인상 좋아 보이는 후보를 선정하여 조심스럽게 다가가 말해본다. "Could you take a picture of me?" 그는 여전히 인상 좋아 보이는 표정으로 명확하게 답했다. "No."

미소 지으며 대답하기에 하마터면 카메라를 넘길 뻔했다. 내 발음 탓인가? 하지만 여행 내내 사진 찍어 달라는 저 짧은 문장을 이해하지 못하는 이는 아무도 없었다. 개인적인 사정으로 거절하더라도 보통 "Sorry"

를 붙이는 게 세계적인 에티켓이 아닌가. 혹시 "No"가 "Yes"의 뜻이었을까? 그러나 야멸차게 나를 밀치고 간 그 태도만 보아도, 단호히 '노'라는 것을 알 수 있었다.

마지막으로 내 옷차림을 점검했다. 내 차림이 형편없다면 그 단호한 거절을 이해할 수 있을 것 같았기 때문이다. 그러나 아무리 살펴도 옷차림에는 문제가 없었다. 인상 좋은 그 후보는 그저 나의 사진을 찍어주고 싶지 않았던 것이다.

거절의 시련을 이겨 내기도 전에 한 무리의 관광객들이 내 앞을 지나간다. 익숙한 억양과 웃음소리들. 한국 관광객이었다. 가이드의 인솔 하에 내 앞을 지나가고 있었다. 나는 이제 후보고 뭐고 생각하지 않고 아무나 붙잡고 사진을 찍어 달라고 부탁했다. 한 분이 나를 흘깃 쳐다보며 다가왔으나, 내 사정을 모르는 가이드는 다음과 같이 외친다.

"어머님! 대열 이탈하지 마시라니까요. 여기가 어떤 장소인지 설명해 드리려고 하니까. 여기가 어디냐! 클레오파트라가 쇼핑하던 장소다 이거에요. 온갖 명품관이 막 다 있는 거야. 오늘날로 치면 티파니, 까르띠에, 롤렉스……. 다들 하나쯤은 지금 차고 계실 것 아녜요? 명품 걸친 사람들답게 대열 이탈하지 마시고 잘 따라오세요."

속 좋은 어머님, 아버님들은 가이드의 말에 박장대소하며 나를 스쳐 지나가셨다. 더 이상 부탁할 사람이 보이지 않아, 결국 구석에 카메라를 세워 놓고 셀프타이머로 몇 장 찍어보았다. 셀수스 도서관을 담자니 내 모습이 보이질 않았고, 내 모습을 담자니 그 멋진 셀수스 도서관이 고작 절반만 카메라에 담겼다.

원형극장으로 발길을 돌렸다. 원형극장에서는 아무리 작은 소리라도 뒷좌석까지 들린다던데. 무대 위로 올라가 말을 건네도 뒷좌석에서는 들어줄 이가 아무도 없기에 맨 뒤에 가서 자리를 잡았다. 무대 위에 올라간 이들은 뒷좌석에 앉아 있는 일행들을 향해 소리를 내고 있었다. 말을 건네는 이, 노래를 부르는 이, 박수를 치는 이……. 물론 아무도 나에게 말을 건네진 않았다.

이 화려한 유적지에 나만 일행이 없었다. 외로움에 무방비로 노출되니 울컥 눈물이 났다. 체온이 올라가면 우리 몸에서 신체의 항상성을 유지하기 위해 땀을 배출한다. 땀을 배출하고 나면 온도는 다시 내려갈 것이다.

정신도 마찬가지 아닐까. 마음의 항상성을 유지하기 위해서 눈물은 필수였던 것이다. 그러니까 내가 알던 것처럼 눈물은 그렇게 부끄러운

일이 아니었다. 나는 이제 어디서든 눈물을 마구 흘려보내기로 결심했
다. 이 위대한 발견을 알 길 없는 터키 학생들은 유적지에서 눈물 콧물
범벅이 된 동양 여자를 킥킥대며 쳐다보고 있었다.

눈물 1178호

눈물 1179호

눈물 1180호

눈물 1181호

눈물 1182호

눈물 1183호

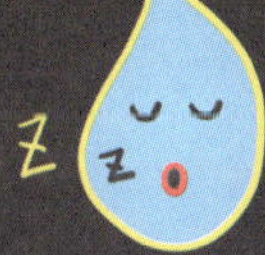

눈물 1184호

눈물 1185호

눈물 1186호

눈물 1187호

사연 없는 눈물이 어디 있으랴

실패할 수도 있지만
괜찮다

아무도 내 편이 없다는 그 사실이 가져다주는 추위가
그렇게 어마어마할 줄은 몰랐다.

비수기의 터키는 사방이 얼어붙어 있다. 그럼에도 카파도
키아는 벌룬 투어를 원하는 관광객들로 북새통을 이루고 있었다. 아침
마다 수백 개의 열기구가 떠오른다.

카파도키아의 밤을 버티는 것은 쉽지 않았다. 동굴을 개조해서 만든
숙소라 그런지 난방 시설이 형편없었다. 관절이 굽혀지지 않을 정도로
옷을 껴입고, 몸이 깔려 죽을 정도의 두꺼운 이불을 덮어야 잠이 들 수
있었다. 그럼에도 불구하고 아침마다 하늘을 수놓는 열기구들을 보고

있자면 이곳이야말로 천국이 아닌가 싶었다. 따뜻한 애플 티를 마시며 시간이 가는 줄도 모르고 그 풍경을 보곤 했다. 열기구 투어는 적지 않은 돈이 들었지만, 하늘 위에서 보는 일출은 반드시 보고 싶었던 풍경이어서 큰마음 먹고 예약했다.

열기구 투어는 인내심이 필요하다. 새벽 네 시에 일어나 집합하여 이동한 뒤 아침을 먹고 열기구가 준비될 때까지 컴컴한 밖에서 대기해야 한다. 한참의 기다림 끝에 열기구에 올라타면 조종사는 아슬아슬한 곡예 운전으로 카파도키아를 구석구석 훑어준다. 그 모든 과정이 끝날 무렵 해가 떠오른다. 나는 열기구 위에서 해가 떠오르길 기다리며 추위를 견뎠다. 엄청난 추위였다. 아무리 손을 문질러도 감각이 잘 느껴지지 않았다. '이러다가 해 뜨기 전에 동상으로 손발을 다 자르는 것은 아닐까…….' 잠시 망상에 잠겼다.

이런 추위는 전에도 한 번 느낀 적이 있다. 전 남자친구이자, 현 남편의 존재를 부모님께 알릴 때였다. 요즘이야 나이 차이가 많이 나는 부부가 매체에 자주 등장하지만 당시는 쉬쉬해야 할 일로 여겼다. 부모님은 너무 놀라신 나머지 내 머리를 빡빡 깎아 집에 감금하기에 이르렀다. 나는 일주일간 단식 투쟁을 벌이고서야 탈출할 수 있었다.

추위를 견뎌내니,
영화 같은 날도
오는군
주의사항 : 러닝 타임이 미친 듯이 짧음

아무도 내 편이 없다는 그 사실이 가져다주는 추위가 그렇게 어마어마할 줄은 몰랐다. 흔히 사람들은 나이 차이가 많이 났을 때 일어나는 부정적인 일들을 알려주길 좋아했다. 그리고 제발 현실적으로 살라면서 충고하는 것을 잊지 않았다. 뭐, 그들의 눈엔 아직까지도 난 그러지 못하고 있을 것이다.

여전히 비현실적인 나는 인생의 수많은 선택의 순간에서 이 질문과 마주해야 할 것 같다. 실패할 확률이 매우 높지만 그럼에도 나는 이 길을 가고 싶은가. 그때도, 지금도, 앞으로도 내 대답은 한결같을 것이다. 물론 실패할 수도 있지만 까짓것 괜찮다. 덕분에 나는 지금 비현실적이고 영화 같은 일출을 보고 있지 않은가. 그것도 졸라 행복하게 말이다.

대인의 언어,
하쿠나 마타타

마사이 부족을 방문하는 팀은 사파리 투어 참가자 중에서 추가 비용을 낸 일부였다. 그중에는 이름이 기억나지 않는 사이먼의 여자친구도 있었다. 그녀의 이름은 굉장히 기억하기 쉬웠다. 그럼에도 그녀의 이름만 기억나지 않는 것은 (심지어 남자친구 이름은 기억하면서도) 내 열등감이 의식적으로 기억을 지웠기 때문일 것이다. 세계일주를 하면서 본 사람들 중에 상위권에 랭크될 정도로 그녀는 아름다웠다. 사이먼은 케냐 사람이었고 그녀는 독일인이었다. 그들은 대학에서 만났으며 방학을 이용해 사이먼의 나라로 여행을 왔다고 했다. 그녀는 조명을 받은 것처럼 환하게 빛나는 피부의 소유자였다. 속눈썹은 그 위에 이쑤시개 하나 얹어도 떨어트리지 않을 듯이 길고 풍성했다. 심지어 이 무더운 케냐의 날씨에 땀조차 흘리지 않는 게 아닌가. 드라마 〈내 이름은 김삼순〉에서 "이쁜 것들은 원래 땀도 안 나냐?"라는 대사는 정말 통찰력 있는 대사란 생각이 들었다. 사실 외모가 아름다운 사람이 어디 한둘인가. 이 잘난 여자는 배려심 넘치고 진중하기까지 했다.

예쁘고 잘생긴 이들의 발랄함, 자신감 이런 것들이 내 열등감을 건드리지 못한다. 마치 부모님이 쥐여준 유산을 흥청망청 쓰는 철부지를 보는 느낌이랄까. 그런데 이 외모지상주의 사회에서 예쁘고 잘생겼는데 진중하며 이타적이기까지 한 자들이 있다. 이들은 자신에게 주어진 권력을 통제하며 노블레스 오블리주에 앞장서고 있는 거다.

그녀는 어떠한 일에도 미간을 찌푸리지 않았다. 무더운 케냐의 날씨에도, 파리의 괴롭힘에도, 가이드의 실수에도. 가까이에서 그녀를 관찰하다 보니 열등감이 속에서 무럭무럭 피어오른다. 그나마 다행스러운 점은 나는 꽤 긍정적인 인간이라는 것이다. 결심했다. 외모를 바꿀 수는 없으니 어떤 상황에서도 오케이를 말하는 그녀의 호연지기라도 배워보기로.

그런 마음으로 그녀의 뒤를 졸졸 따라 마사이마라 마을로 들어섰다.

입구에 들어서자 마사이 부족이 환영의 댄스를 준비하고 있는 게 보였다. 그런데 갑자기 엄청난 소나기가 퍼부었다. 환영의 댄스를 관람하는 대신 모두 지붕 밑으로 대피를 하게 되었다. 나는 진창을 바라보며, 또 숙소의 말도 안 되는 샤워장을 떠올리며 '여기서 넘어지면 큰일이다. 정신을 차리자!' 하며 대피하는데 누군가가 미끄러지는 소리가 들린다. 그래, 그 누군가는 역시 나다. 나는 넘어져 진흙으로 뒤범벅되고 말았다.

상업적으로 변하긴 했어도 마사이 부족은 전통적인 삶을 이어가고 있었던 모양이다. 휴지 한 장이 없어 그들이 가져다주는 나뭇잎으로 진흙을 대강 털어냈다. 사방에서 "Sorry"가 들려왔다. 그러나 내가 누군가. 열등감을 승화시켜 호연지기를 배워보기로 한 사람 아닌가. 나는 "하쿠나 마타타"를 외치며 돌아다녔다. 사이먼과 그녀도 나의 호방함에 내심 놀란 기색이었다. 그녀가 내뱉는 고작 "오케이"를 나는 "하쿠나 마타타"로 체화시켰다. 이제야 처음으로 그녀를 이긴 것 같았다.

여행 내내 사이먼의 여자친구를 주구장창 숭배하던 일행들이 나의 달라진 모습을 눈치채길 바랐다. 그러나 내 행동을 눈여겨본 이들은 따로 있었다. 바로 마사이 부족이었다. 그 전까지는 말 한마디 안 붙이던

함부로 따라하면 안 되는 단어,

Hakuna matata

이들이 어디선가 나타나 본인들이 만든 액세서리를 강매하기 시작한다. 나의 경제관념도 "하쿠나 마타타"로 해석한 거다.

아무튼 이들을 실망하게 하고 싶지 않아 행운을 가져다준다는 치타 이빨을 하나 구매했다. 학생이라 거짓말하여 특별히 학생가에 구매할 수 있었다. 기분 좋게 마을을 나가며 사이먼에게 치타 이빨을 자랑하는데 뭔가 당혹스런 표정을 짓는다.

"그거 치타 이빨이 아니라 그냥 돌을 간 건데……. 원하면 너한테 거짓말한 사람 찾아줄게. 가격을 더 깎을 수 있을 거야."

잠시 고민했다. 그러나 사이먼의 여자친구가 평온한 표정으로 나를 쳐다보고 있다. 나는 간신히 얻은 호연지기를 잃고 싶지 않아 또다시 허허 웃으며 "하쿠나 마타타"를 외쳤다. 그렇게 나는 저녁 값을 잃었다.

마사이마라에서도
각자의 사정이 있을 뿐

사파리 투어는 지프 차량에 가이드 한 명 그리고 여행자 약 아홉 명 정도 탑승해 출발한다. 현지에서는 '게임 드라이브'라고 불렀다. 이 투어는 한국 사람들의 관심이 굉장히 높다고 들었는데, 내가 신청할 당시에는 인기가 별로 없었다. 나를 제외한 나머지 사람들 모두 흑인이었다. 아무래도 그들끼리 공감대가 높았을 것이다. 처음에는 혼자 여행한다는 나에게 관심과 동정을 보였지만 결국은 나 홀로 뒤에 남겨지고 말았다. 나도 그편이 편했다. 부자연스러운 리액션으로 대화를 이어가느니 풍경을 감상하고 싶었다.

　이러한 내가 가이드는 못마땅했던 모양이다. 더 정확하게는 나와 함께 남겨지는 것을 원치 않았던 것 같다. 본인도 혼자만의 시간을 갖고, 나도 혼자만의 시간을 갖는 것인데……. 나를 챙겨줘야 할 귀찮은 대상으로 보는 것 같았다. 점심시간에 가이드는 나에게 다른 이들과 좀 더 말을 해보라고 권했다. 영어도 짧고, 문화권도 달라 어렵다고 항변하는 나를 그는 답답해했다.

　"누구나 각자의 사정이 있어. 노력해봐."

　식사를 마친 후 다시 게임 드라이브가 시작됐다. 바다처럼 드넓은 초원에서 어떻게 동물들을 찾아내는지 궁금했는데 억지로 찾을 필요도 없었다. 동물들은 사방에 있었다. '빅 파이브'를 제외하고는 말이다.

　가장 위험한 다섯 가지 동물로 꼽히는 사자, 표범, 코끼리, 코뿔소, 물소를 칭하는 '빅 파이브'를 찾기 위해 가이드들은 마사이마라를 떠돈다. 의외로 잔혹한 장면을 보지 못하는 나는 사자를 찾았다는 가이드의 말을 듣고 살짝 겁이 났다.

　'아……. 피투성이가 된 가엾은 짐승이 쓰러져 있으면 어떡하지. 그게 혐오감을 주면 어떡하지.' 얼마 가지 않아 버펄로 사냥에 성공해 포식

중인 사자 무리를 발견할 수 있었다.

상상하던 모습과 크게 다르지 않았다. 더욱 잔인하면 잔인했지 덜하진 않았다. 가엾은 버펄로는 아직 숨이 끊어지지 않았는지 다리를 파르르 떨고 있었다. 사자들은 수사자, 새끼 사자, 남은 사자들의 순서로 식사를 한다. 우리가 도착했을 때는 새끼 사자들이 버펄로를 맛있게 먹고 있었다. 새끼 사자들이 식사하는 동안 나머지 사자들은 주변을 감싸고 있는 차량을 노려보았다.

그렇게 한참을 달리다가 휴식 시간이 되어 모두 차에서 내렸다. 지금 보는 이 돌 하나를 사이에 두고 탄자니아와 케냐의 경계가 달라진다고 가이드는 설명한다. 주변을 둘러보다가 수풀에서 나오는 아주머니가 눈에 띄었다. 사람들에게 가까이 좀 다가가라는 가이드의 충고도 떠오르고 해서, 용기를 내어 아주머니께 다가가 물어보았다.

"그쪽 화장실은 깨끗한가요?"

초원 한복판에 화장실 시설이 있을 리 없기에, 모두가 노상방뇨하는 상황을 농담 섞어 말해본 것이다. 아주머니가 웃었다. 그냥 웃는 게 아니라 내 몸을 두들겨 패듯 때리며 웃었다. 맞은 어깨가 욱신거렸다. 어깨를 주무르며 마사이마라의 교훈을 되새김질했다.

가만, 여기가 틀렸네

얼룩말은 모두 다른 무늬를 가지고 살아간대요
태어난 모습 그대로, 자연스럽게요

'자연스러운 게 최고다……'

그렇게 투어가 끝날 때까지 아주머니께 농담을 건네지 않는 것으로 내 어깨를 지킬 수 있었다.

케냐 최고의 야생동물 서식지. 전체 면적이 약 1500제곱킬로미터(제주도 크기와 비슷)에 달한다. 탄자니아에 위치한 세렝게티 국립공원과 이어져 있다. 동물들이 두 지역을 오가기에, 방문 시기에 따라 관찰할 수 있는 동물이 달라진다.

빅 파이브(사자, 표범, 코끼리, 버펄로, 코뿔소)

쉽게 발견할 수 없어서인지 가장 인기가 많아서인지 알 수 없으나, 이 다섯 동물을 빅 파이브라고 부른다. 이들을 찾기 위해 가이드는 분주하다. 다섯 동물을 모두 만나면 굉장히 운이 좋다고 하니 자신의 운을 시험해보시길.

누와 얼룩말

얼룩말과 누 떼는 함께 발견된다. 누는 시각이 좋지 않지만 후각이 발달했다. 얼룩말은 반대로 후각보단 시각이 발달했다고 한다. 덕분에 둘이 함께 있으면 맹수의 공격에 빠르게 대응할 수 있다. 게다가 식성이 서로 달라 풀을 가지고 다투지도 않는다고 한다.

톰슨가젤

천적을 피해 시속 팔십 킬로미터의 빠른 속도로 도망칠 수 있다고 한다. 뿔로 박치기를 하며 위협에서 벗어나기도 한다고. 꼬리를 하염없이 흔들고 있기에 마사이마라의 풍경을 더욱 귀엽게 만드는 일등공신이다.

기린

마사이마라의 동물 중 가장 키가 크다. 수컷들은 서로 우열을 가릴 때 목을 부딪치며 우열을 가른다고 한다. 인간이든 동물이든 큰 키로 상대를 제압하는 것은 마찬가지 같다. 천적인 사자에게 기린은 쉽지 않은 사냥감이다. 기린이 걷어찰 경우 사자는 목숨을 잃을 수도 있기 때문. 우리 모두 기린과 같은 필살 무기 하나쯤은 구비해야 하지 않을까.

개코원숭이

코 모양이 개와 비슷하다고 해서 붙여진 이름이다. 영장류답게 군집 생활 및 잡식을 한다. 다만 마사이마라의 원숭이들은 초원보다 숙소 근처에서 더 눈에 띈다. 투숙객들이 들고 다니는 음식을 노리기 때문. 사람의 음식은 칼로리가 높아 그들의 건강에도 좋지 않다고 하니, 식사는 무조건 앉은 자리에서 마치도록 하자.

타조

현존하는 가장 큰 조류. 일부다처제라는 것을 제외하면 수컷의 삶이 퍽 고달프다. 영역을 순찰하고 지키는 역할을 맡아 소리를 질러 경계한다. 조심성이 많아 먹이를 먹다가도 수시로 주변을 살핀다. 게다가 암컷이 알을 낳으면 수컷이 함께 품어 부화시킨다. 육아 역시 분담한다고 한다. 수컷은 훨씬 화려한 깃털을 가지고 있는데, 인물값을 한다는 말은 이럴 때 어울리는 말이 아닌가 싶다.

하마

아프리카에서 코끼리, 코뿔소 다음으로 큰 덩치를 자랑한다. 몸무게는 약 1.5톤에서 4.5톤에 달한다. 강 부근이나 산림의 습지대에서 서식하며 하루 대부분을 물속에서 지낸다. 몸이 무거워서 땅 위가 불편하기 때문이라고. 물속에서 고개만 내밀고 있으면 귀여워 보이지만, 사자의 머리를 부술 정도로 굉장히 위험한 맹수 중의 하나다. 호구처럼 보이는 외관에 속지 말도록 하자.

낯선 사람과
말을 섞는다는 것은

그러나 그가 원하는 것은 그 이상이었다.

게임 드라이브를 끝내고 돌아와서 묵는 로지는 코끼리가 길을 잘못 들게 되면 무너질 정도로 허술했다. 이부자리를 펄럭이자 알 수 없는 죽은 곤충들이 쏟아졌다. 녹물이 나와서 제대로 씻기조차 어려웠다. 로지의 부설 식당에서는 여러 여행자가 식사하고 있었다. 나도 음식을 뜨고 착석하는데 내 옆에 한 인도 남자가 앉아도 되느냐고 묻는다.

안 그래도 다들 일행인 이 식당에서 홀로 먹기 초라했는데, 어서 앉으라고 자리를 만들어줬다. 잠깐의 통성명 후, 각자 게임 드라이브를 다니면서 봤던 것들을 경쟁적으로 자랑하게 되었다. 나는 마사이마라의 '빅 파이브'를 봤다며 자랑했고 그는 사자가 버펄로를 잡는 순간을 보았다고 자랑했다. 우리 팀이 그곳을 찾아갔을 때는 이미 버펄로의 숨이 끊어지고 나서 사자가 식사하기 시작한 후였기에 그들 팀의 승리를 인정해야만 했다.

워낙 인도를 여행하고 싶었지만 한 번 좌절한 나였기에 아는 대로 인도의 정보를 방출해댔다. 특히 갠지스강을 바라보며 짜이를 마셔보고 싶다고 말하니까 그는 직접 짜이를 만들어주겠다며 부엌으로 향했다. 한 십여 분이 지났을까. 그가 땀을 뻘뻘 흘리며 짜이 두 잔을 만들어 가지고 나오는 거다. 깊이 감동하여 숙소에 가서 내가 가져온 초코파이 두 개로 이 빚을 갚아야겠다고 생각했다. 그러나 그가 원하는 것은 그 이상이었다. 갑자기 그가 자리에서 벌떡 일어나며 말한다.

"다 마셨으면 이제 가자!"

"어디로?"

"내 텐트로."

짜이를 한 잔 더 만들어주겠다고 자신의 텐트로 가자는 거였다. 배가 불러서 짜이는 더 못 마시겠다고 거절한 뒤 식당을 나섰다. 그러자 짜이

이성을 유혹하기 위해서는
많은 시간과 노력을 들여야 한답니다

를 마시자던 그는 한 시간만 방에서 대화를 나누자고 성화다. 단호한 나의 "No"에 그는 시간을 점차 줄여 나갔고…… . 이제 일 분만이라도 방에서 대화하자고 내 앞을 가로막는다. 그에게 말했다.

"뭔가 착각을 한 모양인데, 나 결혼했어."

그러자 정말 예상치 못한 대답이 그에게서 나왔다.

"그것 참 공평하네! 나도 결혼했거든…… ."

어떤 의미에서 공평한 것인지는 모르겠으나, 빠르게 그를 따돌리고 숙소로 돌아왔다. 잠금 장치를 다 채우고도 무서워서 의자를 밀어 입구를 막았다. 그렇게 공포심으로 가득 차서 잠자리에 눕고 나서야 아까 마신 짜이 맛이 떠올랐다. 어쩐지 지나치게 맛있더라니…… .

이상형의 남자를
만나다

내 스타일인 외긴 남자가 만들어준 토스트를 와그작 썹으며,
함께 해 뜨는 것을 구경하고 있자니 바람을 피우는 기분이었다.

내가 좋아하는 남자 타입은 다음과 같다. 일단 이목구비고 뭐고 다 떠나서 피부가 까매야 좋다. 햇볕에 적당히 그을린 피부는 땀 흘려 일하는, 혹은 운동하는 건강함을 상징하는 것 같다. 그러나 구릿빛 피부의 남자가 또 옷을 깔끔하게 입고 있으면 매력이 삼십 퍼센트 떨어지는 것이다. 이성의 이목 따위는 신경 쓰지 않겠다는 듯, 대충 목 늘어난 티셔츠에 삼선 슬리퍼 정도는 신어줘야 내 더듬이가 움직이기 시작한다.

하루가 다르게 수많은 드라마가 쏟아지고 남자 주인공이 스타덤에 오르지만, 내 스타일인 남자 주인공은 지금까지 딱 한 명이었다. 드라마 〈추노〉의 대길이(장혁이 아니고 극 중의 인물 대길이다) 말이다. 친구들은 "너는 꼭 거지꼴을 좋아하더라." 하며 웃었고, 나도 내 남편이 떠올라서 정말 그런가 생각하며 웃었다. 물론 아프리카 남자들이 햇볕을 쬐며 일을 해서 까만 피부를 지닌 것은 아니겠지만, 위와 같은 이상형 타입을 지닌 내 기준에는 대부분 멋있었다.

케냐 게스트하우스 직원들은 모두 느렸다. 더운 날씨 탓에 조금이라도 빨리 움직이면 땀을 흘리는 큰 손해를 본다고 생각하는 사람들 같았다. 체크인 하기에는 이른 시간이어서 그런지 한참 시간이 걸렸다. 간신히 체크인을 끝낸 직원은 내 방이 삼층이라며 계단을 가리킨다. 계단의 경사가 어마어마했다. 물론 허름하기 그지없던 곳이라 엘리베이터 따위는 존재하지 않았다. 이십 킬로그램이 넘는 내 캐리어를 어찌 옮길지 고민이었다.

그때였다. 지금까지 있었는지도 모르게 조용히 바닥에 앉아 있던 청년이 부스스 일어나 캐리어를 번쩍 들었다. 엘리베이터가 없던 곳에서 남자들의 도움을 종종 받았지만 대부분 캐리어를 발목 정도의 높이로

이상형이 밥 먹여주냐고요?
밥을 차려줍디다···
ZOLA
MY
STYLE

들고 낑낑대며 계단을 올라갔다. 이 청년처럼 빈 물통 들듯이 어깨에 인 사람은 처음이었다. 선생님을 짝사랑하는 열여섯 소녀처럼 두근대며 쫓아 올라갔다. "괜찮아?" 물어봤지만 대답조차 하지 않았다. 계단을 올라가는 청년은 맨발이었는데 발바닥이 유독 흰 것이 눈에 띄었다. 팁을 주려는 내 손이 무안하게 그는 캐리어만 내려놓고 사라졌다.

방에서 짐을 풀고 옥상에 조식을 먹으러 가는데 부엌에 있는 이가 낯익었다. 아까 그 청년이었다. 몸의 근육을 짐승처럼 쓰며 커다란 가방을 들던 모습과는 영 딴판인 섬세한 손짓으로 아침을 준비하고 있었다. 그가 잼을 곱게 바른 토스트와 커피를 나에게 건네주었다. 그러더니 지붕 위에 올라가 목이 늘어난 웃옷을 벗고 누웠다. 해가 막 뜨고 있었다. 내 스타일 외간 남자가 만들어준 토스트를 와그작 씹으며, 함께 해 뜨는 것을 구경하고 있자니 바람을 피우는 기분이었다. 물론 말 한마디 주고받지 못했지만 말이다.

이것이
케냐식 대화법

케냐에서 탄자니아로 넘어가기 위해서 여러 코스를 알아보던 중, 몸바사(Mombasa)를 통해서 가는 방법을 알아냈다. 일반 관광객들이 많이 들리지 않는 곳이며 아름다운 바다가 있다고 했고, 무엇보다 싼 가격에 오성 호텔 같은 곳에서 묵을 수 있다는 누군가의 추천을 따라가보기로 한 것이다.

야간 버스를 타고 넘어가기 전, 예약한 숙소에 픽업 요청을 했다. 그리고 확인 전화를 세 번이나 했음에도 이들은 픽업하러 나오지 않았다.

우여곡절 끝에 찾아갔으나 오성 호텔 같다는 숙소는 에어컨이 없다. 샤워하려고 물을 틀자 한참 동안 녹물이 나왔다. 숙소를 나와 바닷가에 가 보았으나, 물이 너무 깊어서 이 바다가 익숙한 현지인들밖에 들어갈 수 없는 깊이였다. 아무리 둘러봐도 어느 것 하나 매력적인 것이 없었다. 그럼에도 불구하고 강한 인상을 남긴 도시가 된 것은 우연히 만난 가이드 때문이었다.

그는 여기 구시가지는 가이드 없이 돌아다니기 힘들다면서 자기 목에 걸린 가이드 명찰을 보여주었다. 스스로 매우 전문적인 가이드라며 자신감을 표출하기에 한번 믿어보기로 했다. 사실은 자신감에 끌린 게 아니라, 그가 구사하는 특이한 화술에 끌렸다. 예를 들면 이런 식이다. 구시가지 투어 가격을 물어보자 어이없다는 듯이 말한다.

"가격은 내가 정하는 게 아니고 당연히 네가 정하는 거야. 나는 너에게 최선을 다해서 안내하고 너는 합리적인 가격을 내는 것이지."

내가 알고 있던 여행 가이드에 대한 기본을 간단하게 뒤집고는 앞장서서 훌훌 걸어가는 게 아닌가. 내 기억으로는 당시 온도가 섭씨 35도에 육박했었다. 비 오듯 땀을 흘리며 그를 쫓아가다가 목이 말라서 제안했다. 물을 마시며 잠깐만 쉬자고 말이다.

“목이 마른데 물을 왜 마셔?”

아이를 키우다보면 말문이 막히는 순간이 찾아온다고 한다. 우리가 당연하게 여기고 있는 것들에 대해 아무렇지 않게 질문을 던지는 순수함. 아무튼 이런 식의 대화법은 주입식 교육을 받고 자란 한국인을 당황스럽게 한다. 뭐라 말할지 몰라 망설이는 내게 그가 말한다.

“물을 마시지 않는 게 좋아. 물을 마시면 땀이 많이 나서 결국 더 목이 마르게 되거든.”

아, 이 당혹감은 케냐에서 입국심사를 할 때도 느낀 적이 있었다. 새벽에 공항에 도착해 숙소에다가 택시를 보내줄 것을 요청했는데 입국심사가 당최 끝나지 않았다. 심지어 입국심사관은 비자를 케냐의 화폐인 실링으로 결제하려고 하니 본인들은 달러만 받는다고 한다. 결국 달러가 없는 나에게는 입국심사 없이 잠깐 나가서 환전하고 올 수 있게 하는 관용을 베풀었다.

그렇게 우여곡절 끝에 입국심사를 마치고 공항 입구에서 택시 기사를 만났다. 그가 나를 보자마자 불평했다. 얼마나 기다렸던지 A4 용지에 연필로 휘적휘적 ‘Hwang’을 써놓은 글자가 다 땀으로 번져 있다.

“대체 왜 이렇게 늦게 나왔어?”

이상할 만큼 힘든 날의 연속일 때
잠깐만 멀리서 바라봐줘

그의 타박에 나도 순식간에 짜증이 올라와서 외쳤다.

"여긴 입국심사관이 두 명밖에 없더라고! 이 많은 사람을 고작 두 명이 담당한다는 것이 말이 돼? 정말 문제가 많은 공항이야."

그러자 택시 기사가 이해할 수 없다는 듯이 말한다.

"왜 그게 공항의 문제지? 너희가 이 시간에 몰려온 게 문제인 거야."

이런 게 케냐식 대화법인가. 가이드에게 그렇다면 (목이 말라서가 아니라) 콜라를 마시고 싶은데 같이 마실 것인지 물어보니, 이제야 정답을 맞혔다는 듯 작은 상점에 데려간다. 상점에서 콜라를 사는 일도 쉽지 않았다. 콜라 두 캔을 사고 돌아가려는데, 그가 갑자기 상점 주인에게 불같이 화를 낸다. 상점 주인도 점점 목소리가 높아져 간다.

주인은 그보다 몸짓이 두 배는 되어 보여서 '아무래도 저러다 맞겠다' 싶어 지켜보는 내내 진땀이 흘렀다. 그러나 그는 내 속도 모르고 계속해서 싸우려 했다. 그를 말리며 대체 무슨 일인지 물어보았다.

"우리끼리도 규칙이 있어. 외국인에게는 두 배의 가격을 받기로. 근데 저 상점은 너에게 세 배의 가격을 받잖아."

두 배를 받는 것이 타당한지는 모르겠지만, 나는 외국인에게 세 배를 받는 것도 괜찮은 규칙이라며 그를 위로했다. 점점 그의 대화법에 빠져

들고 있었다.

이처럼 수많은 주옥같은 대화가 있지만, 가장 기억에 남는 대화는 따로 있다. 그는 길을 걸어가다가 발에 걸리는 모든 쓰레기를 주우면서 대화를 했다. 앞에서 누군가가 쓰레기를 버리면 꼭 그 길로 걸어가서 쓰레기를 주웠다. 그 모습이 하도 우스워서 "네가 아무리 주우면 뭐해! 다른 사람들이 다시 버리는 걸!" 하고 놀리자 그가 사뭇 진지하게 말하는 거다.

"내가 줍지 않으면 이 도시는 더 더러워질 거야. 비록 한 순간이라도 나는 이 도로를 깨끗하게 만들고 있거든. 그 순간들이 쌓여 이 도시는 깨끗해질 것이라고 믿어."

그가 세 시간가량 투어하며 설명했던 그 많은 이야기보다 그 몇 마디 말이 아직도 강렬하게 뇌리에 남아 있다. 가끔 떠오르는 '하면 뭘 해'라는 생각에 참 많은 것을 우리는 놓치며 살아오지 않았나. 가시적인 성과만을 좇아 쉽게 흥미를 잃어버렸던 날들이 있었다. 그때의 순간들을 소중히 여기고 살아왔다면 분명 지금쯤 큰 행복으로 다가오지 않았을까.

비록 아프리카 여행을 마칠 때 즈음엔 피부도 많이 타서 벗겨지고, 물 마신 것이 무색하게 땀은 비 오듯 하고, 온몸은 근육통으로 욱신욱신 쑤

셔서 괴로웠다. 그러나 돌이켜보면 모든 순간이 참 소중하고 감사한 나날이었다. 눈을 뜨면 정말 티 없이 맑은 하늘이 있고, 그 하늘 아래 어울리는 사람들의 웃음이 있고, 가끔씩 불어와 땀을 식혀주는 바람이 있었다. 그때 만났던 가이드의 말대로 그러한 순간들이 쌓여 내 인생은 조금 더 행복해졌으리라 믿는다.

국경을 넘는 게
이리 어려워서야

엄청난 피로는 모든 분노를
상쇄시킬 수 있다는 걸 알았다.

이틀 동안 꼬박 밤을 새웠다. 밤낮 가리지 않고 푹푹 찌는 더위와 함께 에어컨도 없는 버스를 타고 케냐에서 탄자니아로 국경을 넘었다. 국경 근처에서 음료수를 사면, 상인들은 거스름돈이 없다는 이유로 나에게 잔돈을 주지 않았다. 중간에 선착장에서 내려서 배를 타기도 했다. 이해할 수 없던 것은 버스도 그 배를 타고 건너는데 왜 사람들이 버스에서 모두 내려야만 하냐는 것이다. 아무튼 수백 명의 인파가 배에서 내려 다시 자기가 탔던 버스를 찾아가느라 또 한참의 시간이 소요

되었다.

　복도까지 사람과 짐들이 꽉 찬 버스의 탁한 공기를 환기할 수 있는 것은 한 뼘 남짓한 창문뿐이었다. 그 작은 창문으로 버스가 중간중간 이유 모를 정차를 할 때마다 어떻게든 음식을 팔려는 상인들이 득달같이 달려들었다. 내 옆에 앉은 아주머니는 그들에게 라임처럼 보이는 것을 한 봉지 샀다. 그것을 마치 생명수라도 마시듯 먹어대는 통에 나도 한번 사먹어볼까 싶었지만 관뒀다. 그것을 먹고 혹시라도 화장실을 다녀오면 그새 내 자리가 사라질 것 같았다.

　비포장도로를 달릴 때면 엄청난 흙먼지로 자꾸만 얼굴이 까매졌다. 여덟 시간 걸린다던 버스는 열세 시간이 걸려 목적지에 도착했다. 우여곡절 끝에 새벽 무렵 탄자니아 공항에 도착했으나 체크인 창구가 열린 탑승객들만 실내로 입장할 수 있었다. 공항 안에서 노숙하려고 했는데 들어갈 수조차 없다니…….

　결국 밖에서 두 시간 동안 모기들에게 헌혈하고 공항에 들어서자 이번에는 폭우로 출발이 지연되었단다. 아, 국경을 넘는 일이 이렇게 힘든 거였나. 엄청난 피로감에 망연자실하여 넋을 놓고 그저 오늘 안에 출발하기만을 기다리고 있었다. 그때 멀리서 나를 보자마자 한 인도인이 뛰어왔다. 그가 김정일의 사망 소식을 알리며 "너의 왕이 죽었다!" 하고 엄청난 유감을 표하기에, 나는 비행기를 탈 때까지 굉장히 슬픈 표정을 짓고 있을 수밖에 없었다.

드디어 비행기가 이륙했다. 남아공에 도착해서 브라질로 떠나기 위해 비행기를 환승하려고 했는데, 이미 출발했단다. 내가 도착하자마자 비행기가 떠난 상태였다. 창구 직원은 미안한 기색도 없이 공항 호텔 숙박권을 제시했다. 엄청난 피로는 모든 분노를 상쇄시킬 수 있다는 걸 알았다. 그렇게 호텔에 들어서자 드는 생각…….

'나 일주일 만에 에어컨 바람 쐬고 있다. 따뜻한 물도 나오고 무엇보다 녹물이 아니다. 응가도 잘 내려간다. 그러면 술 마셔야지!'

88 고시원
황금열쇠
GOLDEN KEY
대한민국
KOREA
무인도
현실은
건물주에게 바치는
돈뿐…
어릴 때는 국경을 넘는 일이
주사위 굴리듯 쉬울 줄 알았어

실전 외국어를
배워야 하는 이유

한국 가면 제일 먼저 뭘 하고 싶으냐고 누군가가 물어본다면
첫 번째가 김치찌개 먹기, 두 번째가 외국어 배우기다.

분명 어제 나와 이야기한 직원은 오전 여덟 시까지 창구에 오면 놓친 비행기 티켓을 재발행해주겠다고 했다. 정확히 여덟 시에 도착해 티켓을 받으려고 했는데 나를 담당했던 직원 대신 어제부터 까칠하게 나오던 상사가 앉아 있다. 그 여자한테 "어제 나 기억하지? 티켓을 다시 발행해주기로 했던 거." 하고는 웃으며 여권을 건넸다. 하지만 그녀는 무표정한 얼굴로 질문을 던진다.

"너 브라질 왜 가는데?"

그저 가볍게 물어본 것이라 생각해 나도 가볍게 "여행이야!"라고 되받아쳤다. 그런데 갈수록 질문이 집요해진다.

"뭘 보러 가는데?"

"숙소는 어디인데?"

"누구 만나기로 했어?"

어처구니가 없었다. "너 여기서 입국심사 하니? 티켓이나 재발행해!"라고 외쳐보았지만, 그녀는 단호히 내가 브라질에서 묶을 숙소의 영수증을 가져오라고 했다. 영수증 없이는 비행기 티켓을 재발행해줄 수 없다는 것이다. 순간 어안이 벙벙해졌다. 나는 여권이며, 한국으로 돌아가는 비행기 티켓이며, 모든 서류를 늘어놓고 손짓 발짓으로 말하기 시작했다.

"혹시 너 내가 북한 사람이라 착각하는 거니? 나 남한 사람이야. 비자 없이 브라질 입국 가능한데……. 그리고 다시 말하지만 왜 발행 창구에서 이걸 물어보는데? 브라질 입국심사관이 할 일 아니야? 그리고 분명 어제 너희 비행기가 지연되어서 난 이미 시간적 손해를 봤다고!"

항의하는 나에게 그녀는 눈길 한 번 주지 않았다.

"영수증 뽑아와. 그러면 발행해줄게. 그 외에 어떤 말도 나는 들을 필요 없어. 다음 사람!"

이미 탑승이 시작되고 있어 더는 시간을 지체할 수가 없었다. 무작정 어제 투숙한 호텔에 가서 프린터기 사용에 대한 양해를 구한 뒤, 아무 숙소나 때려잡은 후 결제해버렸다. 그리고 그 영수증을 들고 가는데 마지막으로 한다는 질문은 아래와 같았다.

"너 직업이 뭔데?"

티켓을 받고 분노에 차서 "당신네 회사 고소할 거야!" 소리를 지른 것은 내가 이제 백수가 되어서만은 아니었다. 모든 사람이 다 탑승한 후 마지막으로 비행기에 탑승했다. 탑승하면서 아차 싶었다. 좌석을 그 직원이 결정하는데 어떤 좌석을 줬을지……. 통로 쪽에 앉을 것이냐, 창가 쪽에 앉을 것이냐 같은 질문도 없던 그 직원은 화장실 앞, 뒤로 눕혀지지도 않는 좌석을 줬다. 나는 화장실 냄새를 맡으며 열 시간 동안 이동했다.

한국 가면 제일 먼저 뭘 하고 싶냐고 누군가가 물어본다면 첫 번째가 김치찌개 먹기, 두 번째가 외국어 배우기다. 제발 착하고 신사적인 외국어 좀 그만 가르쳤으면 좋겠다. 실생활에서 필요한 건 내뱉기만 해도 듣는 사람이 미쳐버릴 욕이니까.

언제 어디서든 역지사지의 정신으로 무장할 것

#역으로
#지옥을 보여줘야
#사람들이
#지 일인 줄 안다

Part 4

혼자서도 행복할 것

의심하지 않고
씩씩하게 다가가리라

나의 발걸음에 주저함이 묻어나오면
그녀는 다시 미소 가득한 얼굴로 말했다. "날 믿어봐."

어쩌다가 길을 잃은 것인지 모르겠다. 터미널에서 나와 포즈 두 이과수(Foz do Iguazu)로 가는 티켓을 사고 숙소로 돌아가는 버스 안이었다. 아마 조금 졸았을 것이다. 그러다가 내 앞, 혹은 뒤의 누군가가 요란스럽게 내렸겠지. 그럼 나도 졸다가 정신이 퍼뜩 들어 따라 내리지 않았을까. 정신을 차려서 주변을 둘러보다가 나는 '여긴 어디, 나는 누구' 상태가 되었다. 나는 내가 내린 곳이 어딘지도 몰랐고, 방향도 전혀 알 수 없었다. 버스 정류장의 사람들은 모두 영어를 못하기에 근처

신발 가게에 들어가서 숙소까지 가는 길을 물어보게 됐다.

그녀 역시 영어를 못했다. 버스 번호만 알려주면 되는 일이 아닌가 싶었는데 뭔가 그 버스 정류장의 노선은 복잡한 사정이 있는 것 같았다. 해는 지고 있었고 상파울루 치안에 대한 부정적인 뉴스들이 떠올랐다. 그때 그녀가 결단을 내렸다. 자길 따라오라고. 자기를 믿으라고.

이유를 물어봐도 그 이상의 대화는 어려울 정도로 그녀는 영어가 짧았다. 망설이는 내 손목을 잡고 끌고 나왔다. 이미 신발 가게로 돌아가는 길이 기억이 나지 않을 정도로 많은 골목을 지나고 있었다. 날씨가 더워서인지, 불안함으로 인한 식은땀인지 알 수 없을 만큼 손에 땀이 고였다. 골목을 꺾을 때마다 주저하면 그녀는 다시 미소 가득한 얼굴로 말했다.

"날 믿어봐."

나는 '진심' 혹은 '믿음'이라는 가치를 반복하여 말하는 사람들을 경계한다. 내 짧은 인생에서 나름 큰 배신을 두 번 겪어봤다. 첫 번째 배신은 어릴 때 숨어서 읽던 책이었다. 그 책은 내 또래의 아이가 타임머신을 타고 과거로 돌아와 석기시대부터 조선 후기까지 여행하고 오는 이야기인데 서문이 이런 식이었다.

"지금 이 책을 읽는 독자 여러분, 여기에 쓰인 이야기는 모두 진실입니다. 하지만 어린이 여러분과 저와의 약속이니까 절대 발설해서는 안 되어요. 저를 꼭 믿어주세요. 어른들에게는 비밀로 합시다."

출판에 대해 조금의 지식이라도 있는 나이였다면 그 말이 얼마나 허무맹랑한 말인지 알았을 것이다. 그러나 그 신비로운 책이 어떻게 내 손에 들어왔는지 알 길이 없던 나는 화장실에 숨어서 몰래 읽었다. 그리고 책을 다 읽은 어느 날 드디어 에필로그를 읽게 된다.

"여러분, 사실 이 책에서 우리가 겪은 사건은 모두 거짓입니다. 하지만 역사적 사실은 모두 사실이에요."

배신감에 소중히 품었던 책을 던져버렸다.

두 번째 배신은 친한 친구들에게 겪었다. 우리는 "진정한 우정"이라는 말을 참 많이 하던 친구들이었다. 당시 나는 부모님께 내 남편(당시 남자친구)을 공표하기 전이었는데 겁에 질린 나를 안아주며 그들은 눈물을 글썽거리며 말했다.

"너희 부모님이 반대하거든 같이 무릎 꿇고 있어 줄게. '진정한 사랑'을 하는 너를 위해 '진정한 친구'인 우리가 항상 기도해줄게."

애초에 나는 그다지 냉소적인 스타일은 아니기에 그 말을 믿었다. 그

이건 상자야
네가 원하는 믿음은 이 속에 있어

러나 부모님이 남편과 나를 반대했을 때 정작 친구들은 사랑만으로 어떻게 사느냐며 부모님 편에 섰다. 그런 것쯤은 괜찮았다. 누구나 입장이 바뀔 수는 있다. 그러나 그 이후에도 서로의 고민을 건성으로 들으며, 휴대전화로 남자친구와 만날 약속을 잡으며 "걱정 마, 너에겐 '진정한' 친구가 있으니까"를 앵무새처럼 내뱉는 이들과 '진정한' 우정은 더는 어렵다는 생각이 들었다. 결국 나는 '진정함'을 포기했다.

그렇기에 그녀가 자신을 믿어보라고 힘주어 말할 때도, 그녀를 따라가면서도, 나는 의심을 가득 품고 있었다. 내가 누군가? 배신을 습득한 자 아니던가.

한참을 걸어 어느 집 앞에 도착했다. 그녀가 문을 두드리니 웬 아시아 사람이 나왔다. 남자는 중국인이었고 그 역시 영어를 못했다. 그녀는 너희들 나라 말로 대화해보라는 듯이 쳐다보았다. 그 남자가 중국말로 나에게 말을 걸었을 때 내가 한국말로 대답했음에도 그녀는 매우 흡족한 표정으로 우리 둘을 쳐다보며 "오케이?" 물어본다. 나는 하는 수 없이 오케이 대답했다. 이제 거금을 들어 택시를 타고 돌아가야겠다고 속으로는 툴툴댔지만 말이다. 그러자 그녀가 잘 가라는 인사를 하는 듯 포옹을 하려 했다. 살짝 포옹하고 멀어지려는 나를 끝까지 깊게 안고, 믿어

줘서 고맙다는 듯 "땡큐." 속삭인다.

　심경이 복잡했다. 그녀를 믿어서 따라온 게 아니었다. 끊임없이 의심하면서, 여차하면 도망갈 길도 확보하면서 주저주저하며 따라왔다. 내 발걸음을 그녀도 느꼈을 텐데 그럼에도 "땡큐"라니. 의심 많던 아줌마에게는 땡큐의 의미는 너무 어렵다.

까다로운
친구의 조건

친구의 조건은 까다롭다. 뭐든지 아는 사람은 재수 없다. 그렇다고 지나치게 모르기만 하는 사람은 도무지 대화가 이어지지 않는다. 주기만 하는 사람은 고맙지만 왠지 부담이 된다. 받기만 하는 사람은 그 뻔뻔함에 정이 뚝 떨어진다. 복잡하고 미묘한 인간관계 가운데를 아슬아슬 줄타기 하는 사이. 그런 사이가 친구 같다. 너무 가까워도 너무 멀어져도 그 관계를 이어가기 힘들지 않던가.

어릴 때 최고의 친구는 같은 음식을 좋아하는 친구였다. 그때 나는 민

"

트 맛 아이스크림을 좋아하는 친구, 순대보다는 내장을 좋아하는 친구, 떡볶이보다 떡꼬치를 좋아하는 친구들과 함께 다녔다. 대학생 때 최고의 친구는 술자리 잘 만드는 친구, 남자 애기가 잘 통하는 친구, 미래에 대해 비슷한 고민을 하던 친구들이었다. 사회생활을 시작한 후에는 역시 퇴사의 꿈을 꾸는 친구들이 좋았다.

세계 3대 폭포인 이과수는 브라질, 아르헨티나, 파라과이에서 관람할 수 있었다. 나는 숙소를 브라질 쪽으로 잡았기에 하루는 브라질 쪽에서 관람하고 또 하루는 아르헨티나 쪽에서 관람할 계획을 세웠다. 아르헨티나 측에서 거시적으로 본 이과수야말로 더욱 인상적으로 느낄 수 있다는 정보도 인터넷에서 얻고 출발했다.

그날은 크리스마스였다. 크리스마스여서인지 혹은 본래 그런 것인지 숙소에도 사람이 적고, 길에도 사람이 없었다. 영어는 통하지도 않고 그저 앵무새처럼 이과수만 반복하다 버스를 탔는데 나도 모르게 국경을 넘어 아르헨티나 쪽 이과수 국립공원에 도착해 있었다.

어찌 된 영문인지는 모르겠으나 국립공원에 도착하였으니 관람을 시작해야겠는데 생각보다 이과수는 방대했다. 도보로만 관람하겠다는 포부를 버리고 열차를 기다리는데 옆에서 금발 외국인이 말을 걸었다. 스페인어라 시계를 가리키는 그녀의 동작만으로 시간을 물어보는 것이리라 짐작하고 영어로 대답했다.

"내가 영어밖에 할 줄 몰라서. 네가 내 시계를 한번 보렴."

그랬더니 방언 터지듯 그녀가 영어를 쏟아내는 게 아닌가.

"너 영어 할 줄 알아? 하느님 감사합니다. 드디어 영어 하는 사람을 만났어요!"

미국인인 로리는 서른네 살의 의사였고 휴가를 보내기 위해 남미에 왔다. 페이스북에 자신이 올린 사진을 보여주며 남미에서 어떤 여행을 했는지 종일 떠드는데 머리에 쥐가 날 지경이었다. 나에게는 '리액션 질량 보존의 법칙'이 있어서 하루 일정한 리액션이 소진되면 그다음부터 무표정이 나왔다. 그런데 모국어도 아닌 영어로 리액션을 해야 하다니. 가혹했다. 그러나 남미 여행하는 내내 영어가 고팠다는 그녀를 실망하게 할 수 없어서 "리얼리?" "오 마이 갓." 따위의 말들을 적당히 내뱉었기에, 우리는 굳이 낯선 나라로 우정 여행을 온 어색한 친구들처럼 이과수 국립공원을 함께 돌게 된 것이다.

역시 이과수의 백미는 '악마의 목구멍'이었다. 일단 진입하는 순간부터 오금이 저린다. 폭포에 다가서지도 않았는데 낙수로 인하여 물보라가 가랑비처럼 내렸다. 악마의 목구멍에 도착했을 때 처음 느끼는 감정은 공포였다. 이 강렬한 폭포에 비해 인간은 너무나도 나약한 존재였다. 조금만 방심해도 쉬이 빨려 들어가서 그 생명을 잃을 것 같았다. 그런데 아찔한 내 정신을 더 아찔하게 만드는 것은 로리였다.

"맙소사 진짜 나이아가라는 이과수에 비하면 아무 것도 아니야. 아무 것도! 나 지금 너무너무 감동했어. 너도 감동하고 있어? 세상에서 내가 받은 감동 중에 최고야⋯⋯. (이하 생략)"

"언빌리버블." "굿." "어메이징." 정도로 감정을 압축 파일로 만드는 내가 못마땅했는지, 끊임없이 자신의 감탄을 내뱉고 내 생각을 물어보기 시작하는 거다. "정말 놀라운 폭포야!" 힘주어 말해도 미국 특유의 억양도 아니고, 무조건 한 단어로만 표현하고 있으니⋯⋯. 아마도 영혼이 없어 보였을 것 같다.

그러나 정말 놀라면 헉! 하나면 충분하지 않은가. 로리에게 내 놀란 감정을 전할 길도 없었고, 그녀를 의식하느라 이과수를 충분히 감상하지 못하여 아쉬웠다. 결국, 다음 날 홀로 악마의 목구멍을 다시 보러 갔다. 혼자 찾은 국립공원은 어제와 달리 흰 나비가 눈에 들어왔다.

코끝이 에이지 않을 정도로 날씨가 풀려오면 따뜻한 봄을 상상한다.

#세상의 모든 물이 모인 듯한
#이과수 폭포

그맘때 엄마는 쑥 캐러 다니자고 학원을 빠지자고 했고 애리는 체육 수업을 빠지고 뒷동산에 올라 풀피리를 불자고 꼬드겼다. 그런 식으로 학원과 수업을 빼먹으면 놀아도 노는 것 같지가 않았다. 엄마가 쑥을 캘 때, 애리가 풀피리를 불 때 나는 옆에서 나비 구경을 했다. 나비가 우아하게 날갯짓 하는 것을 보고 있자니, 그까짓 수업 빠진 게 뭐 대수인가 하는 생각이 들곤 했다.

이과수는 나비가 정말 많았다. 사방에 걸려 있는 무지개와 함께 환상적인 분위기를 자아냈다. 이제야 이과수를 감상하는 것 같았다. 말없이 한참을 오래된 친구들과 함께 보냈다.

기다려라,
그러면 얻을 것이니

아르헨티나는 질 좋은 소고기로 유명하다. 특히 독특한 조리 방식이 유명한데 소금을 뿌려 숯불에 오래 구운 '아사도(Asado)'가 바로 그것이다. 질이 좋은데 가격도 싸다. 일 킬로그램의 가격이 우리나라 한우의 백 그램 가격과 맞먹는다. 이러한 탓에 소고기 인심도 후했다. 무려 소고기가 리필이 되는 데가 많았다.

여행 중에 가장 많이 먹은 고기는 역시나 저렴한 닭, 그다음으로 돼지고기와 양이었다. 소고기는 어느 나라든 부담 없이 접하기가 힘들었다.

훌륭한 서비스를 받고 싶다면
남부터 존중하시죠

때문에 아르헨티나에서 오랜만에 먹는 소고기는 정말 맛있었다. 부에노스아이레스(Buenos Aires)에서 탱고 보기가 많은 이들이 소망하는 일 중 하나라는데 나는 과감하게 포기했다. 대신 그 돈으로 소고기를 연일 먹으러 돌아다녔다.

소고기를 찾아 헤매다가 들른 식당에서 만난 웨이터들은 불러도 오질 않아 나를 난감하게 만들었다. 살짝 손을 들기도, 소리를 내어 부르기도 했는데 끝까지 쳐다보지도 않았다. 자신들이 할 일은 모두 마무리가 돼서야 내 자리로 온다.

나중에서야 알게 되었다. 아르헨티나에서 웨이터는 자신들의 직업에 대한 자부심이 대단하다고 한다. 그들은 자신이 해야 할 일을 순리대로 행하고 있기에 소리 내어 부르는 것이 예의에 어긋난다는 것이다. 또한 독립된 직업이기에 팁을 반드시 지급해야 생계가 유지된다고.

'고객은 왕'이라는 표어는 아무리 포장해도 서비스업에 종사하는 사람들의 감정 노동을 합리화하기 위해서 태어난 말 같다. 대학생이 되어 아르바이트를 시작할 때도 처음 배웠던 것은 무릎을 꿇고, 고객의 눈높이에 맞추라는 것이었다. 모두가 무릎을 꿇는데, 꿇지 않는 직원이 있다면 고객들은 이런 생각을 한다. '나 무시당하는 건가?'

타인을 무릎을 꿇게 만들어야 제대로 대접을 받았다고 생각하는 사회적 분위기, 이런 것들 때문에 서비스업 종사자가 감정 노동자로 전락한다.

국내 항공사를 타면 지나치게 공손한 태도 때문에 물 한 잔을 달라고 하기가 미안할 정도다. 대부분 사람들이 국내 항공사에서 제공하는 서비스에 익숙하니 외국 항공사를 타면 적응이 안 될 수밖에. 한 남자 승객이 늘 그렇듯 승무원에게 자신의 짐을 선반에 올려달라고 부탁했는데, 이런 답변만 돌아왔다고 한다.

"네가 충분히 올릴 수 있어."

그 말을 듣자마자 박장대소하고 웃었는데, 돌이켜 생각하면 그들의 서비스가 불합리한 건 아니다. 지금까지 우리가 필요 이상의 서비스를 받아 온 것 같다. 특히 지급하는 금액이 높을수록 지나치게 과도한 서비스를 당연시하게 된다. 승무원이 라면 면발을 각 고객의 취향에 맞춰 익힐 의무는 없다. 마찬가지로 레스토랑의 종업원들이 꼭 무릎을 꿇어야 고객이 질 좋은 음식을 먹는 건 아니다.

부에노스아이레스에서 만난 웨이터들은 정중했으나 자신을 낮추며 서빙하지는 않았다. 서비스업이면 '젊고' '빠른'이 떠오르는 우리나라와 달리 그들은 나이가 많았고 여유가 넘쳤다. 그들이 오기를 기다리며 먹어야 하는 덕분에 식사 시간은 길어졌다. 천천히 아사도를 음미하면서 씹었다.

나는 음식을 늦게 먹는 편이었다. 초등학교 때 처음 도시락을 먹을 때는 점심시간에 밥을 다 먹지 못해 수업 시간까지 먹다가 혼난 적도 있었다. 그러나 사회생활을 하면서 늘 시간에 쫓기다 보니 밥 먹는 속도는 빨라지게 됐다. 나뿐만이 아니었다. 주문한 음식이 열두 시 이십 분까지 나오지 않으면 직장인들은 다급해지기 시작한다. 급기야 짜증 섞인 목소리로 종업원들을 부른다.

"여기요! 주문 아직 안 들어간 거예요?"

서비스업 노동자든, 손님이든 서로 여유 있게 대하기 위해서는 결국 한 사회를 구성하는 개개인의 여유 넘치는 삶이 선행 조건이 되어야 한다. 모두가 각박해질 수밖에 없는 우리나라 시스템을 생각하며 와인 한 잔을 비웠다. 부르지도 않았는데 웨이터가 어느새 나타나서 와인을 따라주었다.

그사이에 (어제의 나처럼 아르헨티나 문화를 아직 모르는 것 같은) 한 무리의 사람들이 큰 소리로 웨이터를 부른다. 역시나 웨이터는 쳐다보지도

않는다. 그들한테 말해주고 싶었다. 조금만 기다리면 세상에서 가장 맛

있는 소고기를 여유 넘치게 먹을 수 있다고, 기다려보시라고 말이다.

낯선 이와
동행한다는 것

　파타고니아 지역을 잘 모르기도 하고, 더욱이 연말을 혼자 보내기는 싫어서 내 여행 인생 최초로 동행을 구했다. 세계일주 관련 카페에서 우연히 일정이 매우 비슷한 분들이 있어 메시지를 몇 번 주고받았다. 우리는 엘 칼라파테(El Calafate) 공항에서 만나기로 했다.

　만나보니 모 방송국의 피디 분들이셨다. 포상 휴가로 이곳을 돌고 계신다고. 가난한 나에게 식사도 종종 베풀어주고 좋은 말씀도 들려줬다. 게다가 여행 지식도 빠삭하셔서 여행 전체를 통틀어 가장 여유 있게 다닐 수 있었다. 터키 쉬린제(Şirince)에서 막연히 '좋은 사람을 만나면 내 어드려야지' 생각하며 구입한 와인 한 병을 이 분들을 만나고 나서야 뜰 을 수 있었다.

당시에 인기리에 방영 중이던 프로그램의 피디도 있었다. 함께 아르 헨티나에서 모레노 빙하를 본 뒤 대륙의 최남단이라는 칠레 푼타아레나 스(Punta Arenas)를 향했는데, 거기서도 그 분을 알아보는 이들이 있었 다. 푼타아레나스의 명물이라는 신라면 가게 사장님 또한 그중 한 명이 었다. 덕분에 사장님의 초대를 받아 사장님 식구와 우리 일행은 해가 질 때까지 아사도를 먹으며 와인을 실컷 마실 수 있었다. 십이월 삼십일일, 카운트다운을 위해 밖으로 나갔다. 카운트다운을 기다리는 사람들과 함 께 숫자를 세고, 불꽃놀이를 보고, 샴페인을 뜯었다. "새해 복 많이 받으 세요" 대신 "Happy New Year!"를 외쳤다.

며칠 뿐이지만 무려 이 년에 걸친 즐거운 추억이 가득한 인연들을 뒤 로하고 떠나야 하는데 지금까지 혼자 어찌 다녔나 싶을 정도로 발걸음 이 떨어지지 않았다. 그저 모레노 빙하가 담긴 위스키를 함께 마시던 기 분 그대로, 나의 첫 동행들에게 축제와 같은 날들만 펼쳐지길 바랐다.

#첫 동행과 #위스키 가서 모레노 한 잔

우주에서 본다면
얼마나 작디작을까

나의 고민들, 지구에서 일어나는 모든 일은
그들의 눈에 얼마나 작은 것일까?

여행지에서 책을 보는 일을 좋아하는 편이지만 장기 여행에서는 그 또한 사치였다. 생활에서 쌓이는 여독은 책의 무게를 도무지 견딜 수 없었다. 전자책으로 몇 권 다운받아 다녔는데 그중에서 박완서 단편집을 가장 많이 읽었다. 「나의 가장 나종 지니인 것」에서는 삶의 태도를 배우기도 했다. '나'는 아들을 잃은 고통을 우주의 광대함을 떠올리는 방법으로 여미며 살아간다. 우주 삼라만상에 비하면 티끌보다 못한 슬픔이기에 울 일도 없다면서. 나에게도 이는 괜찮은 방법이었다.

여행지에서 교통편을 놓치거나 숙소의 예약이 꼬여서 당황과 두려움이 앞설 때 저 방법을 생각해본다. 죽어도 못 먹을 것 같은 비릿한 향신료의 음식이 눈앞에 있을 때도 '우주 방법'을 사용해보는 것이다.

'어차피 저 큰 우주에서 본다면 하루 이틀 정도 아등바등해봤자 지구의 시간이니 괜찮겠지.'

'어차피 한국의 향신료나 외국의 향신료나 지구의 향신료니까 괜찮겠지.'

'어차피 지붕이 있으나 없으나 저 멀고 먼 외계의 행성에서 봤을 때 나는 지구 위에서 자는 것이니 괜찮겠지.'

그러나 예외가 있었으니 바로 화장실이다. 대단히 깨끗한 화장실까진 바라지 않았지만 물을 내려도 내려가는 둥 마는 둥, 악취가 진동하고, 그마저도 사람들이 줄을 서서 기다리는 그런 화장실에서는 나오려던 것도 다시 들어가고는 했다. '우주 방법'을 사용하려 했으나 그때마다 무너진다.

'외계인이 존재할지 아닐지도 모르는 세상에 살고 있는데, 우주 방법은 얼어 죽을! 도무지 못 참겠다!'

그렇게 나는 며칠 동안 큰일을 치르지 못하고 있었다.

세상의 끝이 어디인지에 대해 우수아이아(Ushuaia)인지, 푼타아레나스(Punta Arenas)인지 이견이 있다고 들었다. 우수아이아가 더 남쪽에 있지만, 배를 타고 들어가기에 육지가 아니라는 의견이 있기 때문이다. 우수아이아를 가지 않은 나는 푼타아레나스를 세상의 끝이라 생각하기로 했다. 해가 지고 세상의 끝에서 살고 있는 아이와 함께 누워 별을 보고 있었다. 밤하늘은 더는 별이 뜰 수 없을 정도로 포화상태였다. 그때였다. 분명 멈춰 있던 별이 움직였다.

"지금 저 별 움직이는 거 보여?"

내가 술을 마시긴 했지만 아이 또한 움직임을 이미 감지했으니 헛것이 아니었다. 처음에는 비행기라고 생각했으나 비행기의 움직임과 달랐다. 직선으로, 곡선으로, 자유자재로 움직이는 것이다.

"UFO다! 우포! 우포!"

흥분한 우리는 자리에서 벌떡 일어나 모두에게 비행접시가 나타났다고 호들갑을 떨었다. 그 자리에 함께 있던 현지인들과 눈이 마주쳤다. 아이와 술에 취한 동양 여자가 소리 지르는 것을 믿지 않을까봐 조심스레 하늘을 가리켰다. 그런데 반응이 신선했다.

"우포? 여기서는 흔한 풍경이야."

UFO를 세상의 끝에서 보았다. 나는 외계 존재를 확신했다. 그리고 이는 '우주 방법'에 대한 더 큰 믿음을 심어줬다. 나의 고민들, 지구에서 일어나는 모든 일은 우주에서 본다면 얼마나 작은 것일까. 내일은 반드시 큰일을 치러보겠다고 하늘을 보며 배를 두들겼다.

NUZA

어서 누러 가자 · · ·

펭귄 섬이 던진
질문

펭귄들이 그 섬에서 행하는 거대한 흐름을 바라보고 있으니
이런저런 의문을 품는 것 자체가 바보같이 보였다.

카지노에서 돈을 땄다. 초심자의 행운이 따랐다. 한화로
치면 이만 원을 들고 입장했는데 오만 원이 되어 있었다. 이 돈으로 일
명 '펭귄 섬'에 가기로 했다. 푼타아레나스에서 두 시간 배를 타고 들어
가면 막달레나섬(Isla Magdalena)이 나온다. 이 섬에 펭귄들이 살고 있다.

수십만 마리 마젤란 펭귄이 구월부터 육 개월간 짝짓기를 위해 이 섬
을 찾는다고 한다. 암컷들이 먼저 와서 땅굴을 파고 보금자리를 만들어
놓은 후 수컷들을 기다린다. 짝짓기를 마치면 새끼를 낳고 다른 곳으로

떠난다. 섬에는 약 십사만 마리가 서식하고 있다. 섬을 보호하기 위해 관광객에게는 한 시간 정도의 짧은 방문만 허용된다. 막달레나섬이라는 이름이 있지만, 펭귄 섬이라고 부르는 이유는 여기에 있다. 쾌속정이 도착하면 펭귄들이 마중을 나오듯이 사람을 반긴다. 펭귄이 먹이를 구하러 다이빙하는 모습, 짝짓기를 하는 모습, 새끼들의 모습 모두 가까이에서 볼 수 있다. 펭귄들이 인간을 두려워하지 않기 때문이다.

펭귄에 관한 다큐멘터리를 본 사람들은 펭귄의 부성, 모성에 깜짝 놀란다. 새끼를 기르는 데 전력을 다하는 이들의 모습에 눈시울을 적시기도 한다. 실제로 펭귄 섬의 펭귄들은 먹이를 구하기 위해 쉼도 없이, 한 치의 망설임도 없이 차가운 바닷물 속으로 뛰어든다. 그 모습이 마치 힘겹게 자녀를 기르는 부부를 보는 듯하다. 나도 저 펭귄들처럼 기꺼이 몸을 던지는 부모가 되는 날이 올까? 미숙함으로 아이에게 상처를 줄 수도 있을 것이다. 혹은 욕심으로 아이에게 버거운 짐을 지워줄 수도 있겠지. 그렇다고 방임하다가는 아이를 잘못된 길로 이끌 수도 있다. 나의 삶은 어떻게 변하게 될까. 우리의 관계는 그대로일 수 있을까. 꼬리를 무는 이런 저런 걱정들을 뒤로하고 아이를 가지는 날이 정말 오기는 할까?

결혼을 하니 많은 사람들이 가족계획을 물어본다. 그러나 나는 아직

푼타아레나스에서 배를 타고 두 시간 가면,
십사만 마리의 펭귄들이 기다려···

까지도 모르겠다. 이 험난한 세상에 아이를 낳으면 아이가 자라서 이렇게 물어볼까봐.

"엄마, 왜 나를 낳았어?"

또 그 물음에 대답을 못할까봐 겁이 난다.

아는 선배는 아이를 낳고 진정한 사랑을 깨닫게 되었다고 한다. 또 어떤 선배는 아이를 낳고 나서야 제 삶을 긍정할 수 있었다고 한다. 다른 이들도 아이는 삶의 행복, 원동력 등으로 대답한다. 그러나 그런 대답들은 나의 근원적인 물음에 해답을 주진 못한다. 그런 식으로 대답을 해도 아이가 "그러니까, 그건 엄마가 나를 낳고 나서 느낀 거고. 내가 궁금한 건 왜 나를 낳았냐니까?" 하고 따질 것 같았다.

법륜 스님에게 이런 질문을 던진 사람이 있었다.

"삶의 낙이 없고……. 왜 살아가야 하는지 모르겠어요. 어떤 마음으로 살아야 합니까?"

법륜 스님의 대답을 다음과 같이 기억한다.

"산 위의 다람쥐가 오늘 하루 도토리를 구하러 나가면서 왜 살까 생각할까요? 우리는 모두 다람쥐 같은 존재들이에요. 다람쥐처럼 삶을 사세요."

펭귄들을 보며 그 대답이 떠올랐다. 펭귄에게 너 왜 알을 낳았니? 왜 차가운 물에 몸을 던지니? 물어보는 일은 무의미한 일이다. 그들도 모를 것이다. 그러나 그들은 알지도 못한 채 기꺼이 생을 바친다. 펭귄들이 그 섬에서 살아가는 거대한 흐름을 바라보고 있으니 이런저런 의문을 품는 자체가 바보같이 보였다. 그냥 낳았고, 낳았으니까 키우고 희생하고 있던 것이다. 아이를 낳은 사람들 역시 이런 마음이 아니었을까.

그래서 내가 아이를 낳기로 결심했냐고? 모르겠다 여전히.

잉여 인간의
식사

라면을 끓일 때마다 후회와 비참함이 떠오른다. 술을 마실 수 있는 성인이 되어서부터 그랬다. 술자리에서 주목받을 재능은 없으니, 그저 성실함만 어필했다. 그리고 다음 날 느지막한 오후에 일어나 두통과 구역질을 참으며 밥을 찾았다. 부모님은 종종 해장국을 끓여줬으나, 해도 해도 너무하다는 생각이 들 때는 밥통을 비웠다.

결국 당장의 숙취를 풀기 위해서 스스로 라면을 끓여야 했는데 내가 끓인 라면은 또 기가 막히게 맛이 없다. 물 조절 실패, 면을 투하해야 하

파블로프의 개는 종소리만 나면 침을 흘렸고

나는 라면만 보면 숙취가 올라오고

는 시점 선택 실패. 이미 불어버린 라면을 씹을 때면 자학이 시작된다.

'나는 잉여 인간이다. 잉여니까 이 정도 식사도 감지덕지해야 한다. 나는 구제불능 잉여다……'

라면은 내가 얼마나 절제력이 없는, 얼마나 비효율적이고 비생산적인 사람인지 각인시키는 식사였다. 상황이 이렇다 보니 라면을 온전한 정신에 먹는 일은 굉장히 드물었다. 장기 여행을 다니는 여행자들은 향수병을 달래주는 일등공신으로 라면을 꼽는다. 하지만 나는 최대한 버텼다.

"여행자라면 현지 음식을 먹어야 하지 않겠어요?"

마치 대단한 규칙처럼 생각했지만, 실은 숙취도 없이 라면을 먹는다는 것이 영 낯설었다.

A형님은 푼타아레나스의 신라면집 사장님을 통해 만났다. 대기업에서 근무하며 현재 주재원으로 산티아고에 머물고 있었다. 짬이 날 때마다 근처로 여행을 다닌다는데 유창한 스페인어를 구사해서 말을 할 때마다 후광이 비쳤다. 푼타아레나스에서 피디 일행과는 작별했다. 그러나 A형님은 산티아고를 방문할 때 다시 만날 수 있었다. 다른 주재원 분들과도 만나 밥도 얻어먹고, 구경할 만한 장소를 추천해주기도 했다. 볼

리비아 비자를 받을 때도, 다음 이동을 위해 비행기 표를 구매할 때도 도움을 줬다. 한국에 가면 꼭 연락 드리겠노라고, 신세 진 것을 꼭 갚겠노라고 호언장담했다.

그러나 칠레를 떠나며 내 휴대전화는 '벽돌 상태'가 됐다. 다시 정보를 복구하긴 했으나 형님의 연락처는 지워져 있었다. 산티아고를 떠나기 전날은 내 생일이었는데 내 두 손에 종류별로 라면 몇 개가 든 봉지를 쥐여주며 생일 선물이라고 했던 것이 기억이 난다. 이제 라면을 끓이면 떠오르는 생각이 하나가 더 늘었다. 혹시나 나중에라도 이 글을 보시게 된다면 부디 연락주시길 간절히 바라본다.

어제 먹었던 술병을 쳐다보기도 싫을 만큼 숙취가 심하다면, 한국에서 먹던 해장국이 절실할 것이다. 그러나 아무리 둘러봐도 해장할 거리가 마땅치 않을 때, 현지에서 해결하는 법을 알아보자.

뜨거운 커피와 각종 차

가장 간편한 해장법. 커피나 차에 들어 있는 카페인이 이뇨 기능을 촉진하여 알코올 대사 물질을 체외로 배출시킨다고 한다. 그러나 음주로 인한 수분 부족 상태이기 때문에 반드시 물을 더 많이 마셔야 한다는 사실을 잊지 말자.

토마토 수프

이탈리아에서 주로 쓰는 해장법이라고 한다. 토마토의 라이코펜이 알코올을 분해할 때 생기는 독성 물질을 배출한다. 영국에서는 토마토즙을 섞은 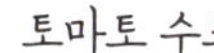보드카 '블러디 메리'를 해장술로 마시기도 한다. 해장 효과는 좋으나 파는 곳을 찾아 헤매야 한다는 단점이 있다.

코코넛 주스

브라질, 인도에서는 코코넛 주스를 마신다. 코코넛은 혈중 알코올 농도를 낮춰 숙취 해소에 효과가 있다. 최근에는 코코넛 워터가 상용화 되어 마트에서도 쉽게 찾아볼 수 있다. 술을 마신 다음 날 마셔도 좋지만, 술을 마시는 중간중간 물 대신 마셔도 좋다고 한다.

바나나

술을 마시면 몸에 있던 칼륨이 배출된다. 칼륨이 부족하면 위경련과 구토 증상이 나타나는데, 바나나는 기특하게도 이를 완화하는 역할을 한다. 바나나 한 개에는 약 450밀리그램의 칼륨이 들어 있기 때문이다. 게다가 세계 어느 곳에서도 쉽게 구할 수 있다는 장점까지! 오늘 과음할 기분이라면 바나나를 사 들고 가자.

더러는 사치가
영혼을 풍요롭게 할지니

역시 나란 미물은
가끔 이런 사치를 부려야 충전이 되나보다.

내가 유럽과 아프리카 대륙을 여행했던 시기인 구월에서 십일월은 비수기였다. 성수기와 비수기는 많은 차이가 있다. 비수기에는 일단 가격이 싸다. 인심도 좋아서 얼리 체크인, 레이트 체크아웃도 가능했다. 무엇보다 숙소를 예약하지 않아도 그날 하루 사람 하나 누울 곳 찾기가 쉽다. 그러나 남미를 여행했던 십이월에서 일월은 성수기였다. 특히 한인 민박은 예약을 하지 않으면 금세 만실이 됐다.

아프리카에서 입맛에 맞지 않는 음식을 먹어댄 탓에 남미에서는 꼭 한인 민박 위주로 숙소를 구하자고 다짐한 터였다. 한인 민박은 조금 비싸다는 단점이 있었으나, 조식으로 한식이 나온다는 점 그리고 남녀 도미토리가 유별한 점이 아줌마인 나에게는 장점이었다.

보통 외국인이 운영하는 게스트하우스는 남녀 혼숙인 도미토리가 많은데 생각만큼 불편하거나 위험하지는 않다. 그래도 미리미리 다음 여행지로 떠나기 전 그곳의 한인 민박 공실부터 체크하고 예약했다. 그렇게 노력을 기울여 입실해도 상황이 녹록치는 않았다. 계속해서 걸려 오는 민박 예약 전화에 사장의 마음이 흔들릴 법도 하다. 그날, 남자 여행자의 수가 더 많았기에 혼자서 방 하나를 쓰고 있는 내가 눈엣가시 같았을 것이다.

하루는 사장이 나에게 물었다. 여자 방에 남자 '아이들'을 몇 명 재워도 되느냐고. 딱히 유쾌하지는 않았지만, 그 방은 침대도 널찍하게 배치되어 있었고 더구나 '아이들'이라고 못 박으시기에 마지못해 알았다고 대답했다. 그날 일정을 마치고 방으로 돌아와서 보니 상당 부분이 사장의 말과는 달랐다. 첫째, 침대가 많아졌다. 침대와 침대 사이사이에 간이 침대들을 구겨 넣은 것이다. 팔을 뻗으면 옆 사람과 몸이 닿을 정도로 간격이 좁았다. 둘째, 사장이 말한 남자 '아이들'은 러닝셔츠와 팬티만 입고 돌아다니는 아저씨들이었다. 도무지 그곳에서 잠을 잘 수는 없어 결국 숙소를 옮겼다. 사장은 대충 자면 되지 까탈을 부린다고 투덜거렸다.

남미는 큰 땅덩이로 인하여 한번 이동하면 반나절이 기본으로 걸렸다. 오전에 출발해도 한밤중에 도착하게 된다. 그날은 새벽 세 시쯤 터미널에 도착할 예정이었기에 버스 터미널과 가장 가까운 숙소를 잡았다. 예약을 몇 번이고 확인했다. 무조건 숙박할 것이니 여자 한 명의 침대를 비워달라고 말이다.

그렇게 도착해서 비몽사몽 새벽 길을 걸어 민박집에 도착했을 때, 사장이 온갖 짜증을 내며 나왔다. 새벽이라 민박집 벨을 누르기가 애매하기에 전화를 걸었으나 받지 않았다. 그래서 벨을 눌렀더니 잠이 깨 짜증이 났나보다. 그리고 하는 말은 "방 없어요"였다. 정 자고 싶으면 부엌에서 자라고. 사람의 일이라는 게 약속을 번복할 수도 있지만, 사과 한 번 하지 않는 당당한 태도가 야속했다. 목소리를 높여 항의했으나 사장은 눈 한 번 깜빡하지 않았다. 자고 있는 사람들을 옮길 수도 없고, 그렇다고 그 집에서 숙박을 하기는 싫어 다시 터미널로 돌아갔다. 돌아가며 엉엉 울었다. 가로등이 밝지 않아 두렵기도 했지만 그깟 돈 몇 푼 때문에 인정머리 없이 대하는 사람들이 야속했다.

명심하세요
급속 충전에는 소비가 최고입니다
MONEY
대한민국
0000

남편이 보고 싶었다. 무작정 전화를 걸어 눈물을 흘리며 자초지종을 설명하니 속이 좀 후련했다. 남편은 아무 걱정하지 말라며 근처 호텔을 예약해주고 민박집에 전화하여 '어른의 항의'로 사과를 받아냈다. 민박집 사장은 학생인 줄 알고 편하게 대했다고 변명을 했단다. 학생이면 함부로 대해도 되는 건가…….

아무튼 덕분에 여행 중 처음으로 큰 호텔에서 쉬어 가게 됐다. 밝게 꾸민 로비에서 상주하고 있던 직원은 여행 정보를 짧게 알려준 뒤, 짐 가방을 옮겨주었다. '내가 미쳤지. 평소 숙소의 세 배 가격인 호텔에 오다니.' 끊임없이 자책하다가도 이왕 호텔에 왔으니 누려보자는 생각에 룸서비스로 칵테일을 한 잔 시켰다. 고작 한 잔인데도 직원은 정성스럽게 피스코 사워(Pisco Sour)에 대하여 설명도 해주고 갔다. 따뜻한 물이 나오는 개인 욕조에서 거품 목욕도 했다. 이로써 각박한 인심으로 받은 상처는 모두 치유했다. 역시 나라는 미물은 가끔 이런 사치를 부려야 충전이 되나보다.

지고 살아도
괜찮은 날들

내가 먼저 호의를 베풀려고 하기도 전에
사람들은 내가 호구인 것을 알아차렸다.

집에서 가장 가까운 반찬 가게는 저녁 다섯 시 이후로 할인을 한다. 그 시간대에 맞춰 나가보면 가게 안에는 무아지경으로 반찬을 장바구니에 담는 아주머니들로 가득하다. 나 역시 마음에 드는 반찬을 하나 고른 뒤에 물어본다.

"이건 얼마나 할인해요?"

"그 반찬은 세일 안 해요."

다음 날에도, 그다음 날에도 내가 고른 반찬은 할인을 하지 않았다.

처음에는 수많은 세일 상품 중에서 유독 세일하지 않는 반찬만을 식별하는 내 안목에 개탄했다. 그러나 어느 날 문득, 내가 골랐던 반찬을 능수능란하게 할인받아 가는 아주머니의 뒷모습을 보게 되었다. 좀 늦었지만 그때 깨달았다. 내 '안목'이 문제가 아니었다.

상황이 이렇기에 나는 정찰제를 선호한다. 그러나 정찰제를 한다 해도 반드시 싸게 사는 사람들은 존재하기 마련이다. 친구들은 만인의 호구라고 웃어댔다. 나는 언제 어디서나, 누구보다, 비싸게 샀으니까.

아빠는 항상 타인에게 관대하셨다. 가족끼리 외식을 나가 부당한 대접을 받아도 목소리 한 번 높인 적이 없었다. 우리보다 늦게 온 옆 테이블 손님들에게 먼저 음식을 주려고 하자 엄마가 소리쳤다. 저희가 먼저 왔는데 왜 옆 테이블 먼저 주는 거예요? 그러자 아빠가 말씀했다.

"착각하셨겠지. 왜 이런 일로 목소리를 높여. 이왕 옆에 드리려고 하셨으니 옆 테이블 먼저 드리세요."

항상 남에게 지듯이 살아가는 태도가 좋다고 믿으셨던 아빠가 답답한 적이 많았다. 나는 결코 남에게 지며 살아가지 않겠다고 다짐한 날들도 있었다. 그러나 아빠의 태도가 나에게 스며들었는지, 내가 먼저 호의를 베풀려고 하기도 전에 사람들은 내가 호구인 것을 알아차렸다.

산티아고 거리를 걸어가고 있는데 굶주림에 죽어 가는 아이들을 위한 서명 운동을 벌인다고 잠시 발걸음을 멈추길 원했다. 처음에는 서명만 하려고 했다. 근데 서명을 했으니 후원도 해야 한다는 것이다. 대충 천 페소(1페소는 한화로 약 1.67원 가량이다)를 주려고 했는데 받지를 않는다. 후원은 이만 페소부터 시작이라는 것이다. 지갑을 탈탈 털어봐도 오천 페소도 되지 않았다. 나는 연신 머리를 조아리며 사과했다. 후원 통을 가슴에 메고 있던 여자는 쩔쩔매는 내 손 위에 있던 돈을 몽땅 쓸어가며 괜찮다고 어깨를 툭툭 친 뒤 사라졌다. 현금인출기를 찾아서 돈을 뽑은 뒤에서야 당했다는 생각이 들었다.

뒤늦게 화가 나기 시작했다. 처음에는 아둔한 나 자신에게 화가 났다. 불똥이 아빠에게 튀었다. 아빠는 대체 왜 지면서 사는 게 좋다고 한 거야! 아빠를 원망하며, 또 삥 뜯긴 죄로, 맥도날드에서 가장 싼 햄버거 세트를 주문하며 가방을 가슴에 품었다. 모두가 내 가방 주머니를 노리는 도둑들 같았다.

심지어 우리 집은 가훈도 ‘종신양반 불실일단(終身讓畔 不失一段)’이었다. “죽을 때까지 내 밭둑의 가장자리를 침범당한다고 해도 잃어버리는 땅은 다 해봐야 고작 한 조각에 불과하다”는 뜻이다. 이 험한 세상에 이토록 순진한 가훈이라니! 구시렁대며 맥도날드에 앉아 가계부를 썼다. 내가 얼마나 손해를 봤는지 확인하기 위해서. 오늘의 뜯김을 두고두고 기억하기 위해서.

그런데 전날 돈을 많이 쓰지 않았는지 생각보다 여유 자금이 있었다. 기분이 쥐똥만큼 풀렸다. 비싼 커피 한 잔을 사서 들고 가다가 길에 엎질렀다고 생각하지 뭐. 기분이 개똥 정도의 크기로 더 풀렸다.

그때 집 앞 반찬 가게 아주머니가 왜 떠올랐는지는 모르겠다. 생각해 보니 내가 할인받지 못한 금액은 고작 천 원 남짓이었다. 햄버거를 삼키며 가훈을 웅얼거렸다. 내가 잃어버린 땅은 고작 한 조각…….

#왜 내가 고르기만 하면
#항상 마지막 한 장일까

모래야, 나는
얼마큼 작으냐

사막 한복판에서 영어 면접을 보는 듯한
이 상황이 쉽게 받아들여지지 않았다.

밤이 찾아오면 아타카마(San Pedro de Atacama)는 더욱 아름답다. 거리 곳곳에서 공연이 열렸다. 여행자 대부분은 우유니에서 자신이 원하는 장관을 보고 감격하여 아타카마로 내려왔을 테다. 나는 기타를 치며 놀고 있는 젊은이들을 먼발치에서 구경했다. 최악의 경우 그들이 걸어와서 함께 춤추길 권할 수 있으니, 절대 그럴 일이 없도록 숨어서 말이다.

관객 사이에서 검은 머리가 눈에 띄었다. 아무리 보아도 한국인이다.

모두가 따라 부르는 노래의 가사를 모르는지 어색하게 앉아 있었다. 외국인들의 흥에 겨운 춤이 격해질수록 그가 홀로 앉아 있는 것이 눈에 더 잘 들어왔다. 그 외로워 보이는 모습에 감정 이입이 되어 나도 모르게 큰소리로 그를 부를 뻔했다. 그러나 그만두었다. 나 역시 저런 상황에서 누군가가 아는 척 하기를 원치 않았다. 세종대왕께서 세계를 정복했어야 하는데. 그러면 우리는 더 많은 것을 느낄 수 있었을 텐데.

사하라가 내게 마냥 가장 큰 사막이었다면 아타카마는 가장 아름다운 사막이었다. 세계에서 가장 건조한 곳이라는 명성답게 사방은 황갈색으로만 이루어져 있었다. 황색을 이토록 다양하게 관찰할 수 있는 지역이 또 있을까. 사막을 설명하던 가이드는 내가 한국에서 왔다니까 한국 가수가 여기서 뮤직비디오를 찍었다고 흥분한다. 나도 함께 흥분하여 누구냐고 물어보니 G……. G만 반복하는 것이다. "혹시 g.o.d?" 새로 변하는 문화예술에 젬병인 내가 유일하게 떠오른 건 중학교 시절의 우상의 이름이었다. 가이드도 손뼉을 치며 "맞아, 그들이었어!" 대꾸했지만 서울에 돌아가서 검색해보니 서태지였다.

물론 그 잘못된 정보가 감상을 방해하지는 않았다. 정작 감상을 방해한 것은 노르웨이에서 온 아저씨와의 대화였다. 달의 표면에 임시 착륙

ENGLISH

영어 앞에서

모래야,
나는
얼마큼 작으냐···

한 것처럼 느껴지는 계곡의 풍경에 그도 감격하는 듯했다. 서로 사진을 찍어주며 몇 마디 말을 주고받았다. 그는 아시아에 대단히 관심이 많은 사람이었다. 그가 나에게 던진 질문들은 다음과 같았다.

“너희는 보통 집 몇 채를 소유하고 있지?”

“고속도로 제한속도는 몇이지?”

“한국의 GDP는 얼마지? 유럽과 비교했을 때.”

“내가 일본 주식을 샀는데 말이야, 전망을 어떻게 생각해?”

저 질문들은 한 치의 과장을 보태지 않고 모두 그가 던진 질문들이었다. 함구하자니 마치 내가 한국을 대표하는 것 같아 가만히 있을 수가 없었다. 대답을 하기 시작하는데 십 년 넘게 공교육과 사교육의 도움을 받으며 영어를 공부한 나는 내제 왜 이러는 것인지…… . 수준 낮은 단어 사용에 스스로가 한심했다. 세계에서 가장 건조한 곳에서 나 홀로 진땀을 흘리는 꼴이라니. 사막 한복판에서 영어 면접을 보는 듯한 이 상황이 쉽게 받아들여지지 않았다. 면접관이 점점 실망하는 것 같아 부끄러움에 고개를 숙였다.

일몰 시간이 되어 우리 모두 사막의 꼭대기로 향했다. 해가 지며 황토색 대지가 붉게 물들고 있었다. 붉은 땅을 비추면서 달이 뜨는데 지금까지 봤던 달 중에서 가장 또렷하고 맑았다. 달빛이 비추는 모래의 색은 또 달라져 있었다. 감동도 잠시, 멀리서 나의 면접관이 다가오고 있었다. 사막의 모래가 고왔다. 샌들로 들어온 모래를 발가락으로 비비적거리며 다음 질문은 반드시 잘 대답해보겠다고 다짐한다. 한국 문화의 특수성과 세계 문화의 보편성을 아우르며 그가 만족할 수 있는 답을 하리라. 그의 질문이 이어졌다.

"북한이 핵 실험을 진행하는 상황에서 너희 나라가 북한에게 하는 원조를 어떻게 생각하니?"

세계일주는
이번이 마지막

내 여행은 안전 제일주의였다. 그게 아내를 여행 보낸 남편이 가장 원하는 일이었고, 나도 결혼한 사람으로서 죄책감을 덜 수 있는 일이었다. 스스로 자부할 정도로 안전하게 다녔다. 마지못해 택시를 타야 할 때에도 주변 경찰의 도움을 받았다. 낯선 이의 식사 초대, 길 안내 등의 호의도 경계했다. 그 결과 단 하나의 소지품도 잃어버린 적 없이, 도난당한 일 없이 귀국할 수 있었다.

그럼에도 아찔했던 순간이 있다. 새로운 도시로 이동하고 다음 날 도시를 둘러보기 시작하는데 한 남자가 다가온다.

"안녕, 친구. 너 한국에서 왔지? 어제 이 도시로 왔고?"

그가 너무 친근하게 다가와서 그렇다고 말할 뻔했다. 그러나 나를 알 이유가 없기에 고개를 저었다.

"아니야, 다른 사람이랑 착각했어. 나는 중국인이야, 어제 오지도 않았고."

그 남자는 이상하다며 내가 투숙하는 숙소를 가리킨다.

"너 저기서 투숙하는 거 아니야? 내 친구가 어제 네가 저기서 투숙하는 거 봤다고 그랬어."

왜 그들이 나의 인상착의와 투숙하는 숙소를 공유하는지 알 수 없었다. 뭔가 불길한 느낌이 들어 그의 추측을 전부 거부했다. 그런데도 그는 누군가와 통화하며 내가 그 여자가 맞는지 확인하기 위해 계속 쫓아오고 있었다. 빠른 걸음으로 걷다가 눈에 보이는 아무 숙소나 들어갔다. 그 남자는 내가 다른 숙소에서 체크인을 하는 듯한 모습을 보이자 그제야 발걸음을 돌렸다.

성희롱, 성추행 이런 것들은 내가 주의한다고 피할 수 있는 일이 아니었다. 불미스러운 일이 생길 때마다 남편에게 미주알고주알 일러바치고 싫었다. 그러나 걱정할 것 같아 끝까지 말하지 않았다. 남편은 내가 여행 간 뒤로 영화 〈테이큰〉을 가장 많이 보았다고 했다. 유럽 여행을 떠난 딸이 납치당하자 전직 특수요원인 아버지가 모든 것을 걸고 사투를 벌이는 내용이다. 안 그래도 다혈질인 남편이 〈테이큰〉 흉내를 내며 직장을 때려치우고 올까봐 두려웠다.

가장 소름이 끼치던 순간은 한 고산 지역 마을에서 숙소로 가던 중에 일어났다. 내가 생각한 것보다 해가 빨리 졌다. 치킨 한 마리를 꼭 먹고 싶어서 마을을 떠돌다가 시간을 지체해버린 탓이다. 숙소까지 가는 길은 암흑이었다. 치킨을 한 봉지 들고 휘휘 돌리며 걷는데 차 한 대가 옆에 멈춘다. 숙소까지 태워주겠다는 거다. 이번에도 정중하게 거절했다. 어차피 걸을 수 있는 거리였다.

약간의 실랑이 끝에 결국 그가 포기하고 암흑 속으로 사라졌다. 그런데 한참 걷다 보니 갑자기 등 뒤에서 자동차 라이트가 켜졌다. 이유는 모르겠지만 아까 그 차가 암흑 속에서 시동을 끄고 대기하고 있다가 내가 지나가니까 시동을 켜고 쫓아오기 시작했다. 숙소까지 죽어라 뛰었다. 고산 지역이라 산소가 부족하여 심장이 터질 것 같았다.

눈물을 흘리며 치킨을 뜯었다. 사실 그들은 전혀 위험하지 않은 사람일 수도 있다. 그래, 나의 착각일 수 있다. 하지만 덕분에 한 가지는 확실하게 알게 되었다. 혼자 하는 세계일주는 이번이 마지막일 거라는 것 말이다. 이 겁 많은 아줌마는 다시 보내줘도 못 갈 것 같다.

꺼져
같이 놀자!
심쿵주의
사실 가장 조심해야 할 것은
길 위의 존재들이죠

걷다 보면
꼭 만나게 되는 풍경들

여행지에서 경쾌하게 다듬어진 공동묘지를 걷다 보면
예정된 내 미래도 쉽게 받아들일 수 있을 것 같았다.

여행지에서 지나가다가 우연히 보게 되면 반드시 들르는 곳이 있다. 첫 번째는 공동묘지다. 우리나라같이 봉분이 있지도 않고 꽃들이 많아 꽤 경쾌한 분위기였다. 언제부터 언제까지 살았다는 묘비를 보면 스산한 느낌과 함께 장례식 풍경이 떠오르긴 했다. 어릴 때는 장례식장에 다녀오신 부모님이 소금을 뿌리는 모습이 무서웠다. 장례식장을 다녀오는 것은 어른들만 할 수 있는 일 같았다. 볼록한 텔레비전이 평면 텔레비전으로 바뀌던 무렵부터 더는 소금을 뿌리지 않으셨지만, 장례식장에 갈 일이 생겼다고 준비하면 무심코 소금부터 쳐다보게 되었다.

나이가 들면서 장례식장을 혼자 찾아가게 되는 일이 적지 않게 되었다. 처음에는 사람들이 옹기종기 앉아 왁자지껄하게 술 마시고 있는 풍경을 보고 적잖이 놀랐다. '이게 무슨 장례식장이야?' 그러나 다음 번에 가 본 장례식장에서 알 수 있었다. 술을 마시며 왁자지껄 이야기하는 사람들이 없는 풍경은 정말 쓸쓸하다는 걸. 그래서 결심했다. 다음부터는 어설픈 위로를 건네느니 장례식장에 주저앉아 술을 마시며 자리를 지켜주겠노라고. 쓸쓸한 장례식장일수록 슬픔에 젖은 상주의 모습이 눈에 더 들어왔다. 그때마다 이런 생각이 들었다.

'사람은 어떻게 이렇게 큰일을 아무렇지 않게 겪고 또 받아들이며 살아가지?'

잠이 오지 않을 때, 생각이 꼬리를 물면 내가 죽고 난 후를 상상한다. 내 장례식장에는 몇 명이나 올 것인지, 쓸쓸할 것인지 떠들썩할 것인지, 과연 사람들은 슬퍼할 것인지, 화장을 할 것인지, 사후세계는 어떤 모습일지 등등 무의미한 생각들로 밤을 샌다. 세상에서 일어나는 모든 일을 다 알 수는 없지만 확실한 것은 누구나 죽게 된다는 사실이다. 여행지에서 경쾌하게 다듬어진 공동묘지를 걷다 보면 예정된 내 미래도 쉽게 받아들일 수 있을 것 같았다.

두 번째로 반드시 들리는 곳은 시장이다. 어느 나라 시장이든 항상 활력이 넘친다. 입구에 들어서자마자 기분이 들뜬다. 공동묘지는 차분하게 내 미래를 보여준다면, 시장은 활력 넘치는 에너지로 내 현재를 보여 준다. 내가 무엇을 먹고 싶어 하는지, 어떤 것을 구경하는 것을 좋아하는지, 어떤 냄새를 싫어하는지……. 그렇게 내가 구축해 놓은 나라는 사람의 기준을 넘어 다른 무엇인가를 구매할 때는 뿌듯했다. 시장을 걷다 보면 얼마 안 되는 예산으로 반드시 무엇인가를 손에 들고 나올 수 있다. 오늘은 바나나였다.

내가 아주 어릴 적엔 바나나를 무척 좋아했는데 그때 바나나가 금값이었다고 한다. 바나나 가격을 감당할 수 없던 부모님은 비슷한 모양의 가지를 종종 입에 물려줬다. 그러면 바나나인 줄 알고 신나서 먹다가 이내 뱉어버렸다고. 그 모습이 우습다가도 가슴이 아프셨단다. 그러다 바나나를 사오신 날에 내가 달려들어 먹어 치우면 얼마나 행복하셨을지 상상이 가는 거다.

남미 시장에서는 바나나가 무척 쌌다. 일 킬로그램이나 충동구매를 했다. 먹다가 물려서 며칠 뒀더니 금방 색이 변하기 시작했다. 그러나 괜찮다. 이제 나는 바나나 따위 썩어 문드러져도 쳐다보지 않을 정도로 자주 먹을 수 있게 되었으니 행복하다.

처음은 달고 끝은
매우 독한 마추픽추

솔직히 말하자면 비에 촉촉히 젖은 쿠스코가
술맛을 당기게 했다.

마추픽추를 '안' 갔다. 남편에게는 비가 와서 못 갔다고 이야기했지만 실은 안 갔다. 하루 전에도 골목골목에 있는 여행사에 들어가 가격을 알아보고 다녔는데 안 갔다. 비 오는 날 등산하기 싫어서, 혹은 비 오는 날 전망이 별로일 것 같아서? 폭우도 아니고 가랑비가 조금 왔을 뿐이다.

솔직히 말하자면 비에 촉촉히 젖은 쿠스코가 술맛을 당기게 했다. 딱 한 잔만 마시며 여행사를 결정하자는 생각으로 술집에 들어선 것까지는

우리야, 얘야? 선택해
Machu Picchu
VS
Machu Picchu Cocktail
저 여자는 나를 거부할 수 없어

괜찮았다. 휴대전화에 담긴 노래 목록을 훑다가 김현식의 〈내 사랑 내 곁에〉를 보고 재생 버튼을 누른 것, 요것이 화근이었다.

포르투갈에서 곧 순례자의 길을 걷는다는 사십대 비혼 언니가 이십대 아줌마인 나를 신기하게 여기며 남편에게 반한 걸 언제 느꼈냐고 물어봤는데, 순간 떠오른 건 저 노래였다. 남편이 통기타 치면서 건조하게 노래를 부르는 그 모습을 볼 때부터 세상 물정 모르던 어린이는 '빡'갔다. 포르투갈에서도 그 노래가 떠올라서 진자 술 한 병을 다 마셨고, 다음 날 골골대며 호카곶으로 떠났다.

쿠스코에서도 별반 다르지 않았다. 문제는 내가 고산 지역에 적응하여 쿠스코가 고산 지역이라는 사실을 잊고 있었다는 거였다. 게다가 나는 '마추픽추'라는 의미심장한 칵테일을 마셨고⋯⋯. 엄청난 층이 가득한 칵테일을 웨이터가 가져다주며 "처음은 달콤하지만, 끝은 매우 독하다"고 경고했다. 그 경고를 무시하고 몇 잔을 연달아 마셨다.

결국 다음 날 마추픽추 여행 계획은 가뿐히 날려 보냈다. 나는 어제의 행동을 이렇게 얘기할 것이다. 남편과의 추억으로 인하여 고대 잉카 제국의 요새를 가뿐히 날린, 이 시대의 마지막 로맨티시스트라고! 절대 술 취한 아줌마가 주사를 부려서 못 간 게 아니라고.

아이들에게 진 빚

혼자 무료하게 앉아 있는데
갈색 얼굴의 페루 아이가 나에게 왔다.

아이들을 싫어하지 않는다. 병아리 같은 것들이 자기들 나름대로 목소리를 내어 이야기하고, 별것도 아닌 것에 감탄하고 놀라워하는 모습들은 정말 당연한 것처럼 귀엽다. 그러나 아이들과 놀아주는 것은 다른 분야이다.

집안의 장녀였기 때문에 어린아이들을 챙기는 것은 나의 몫이었다. 아이들을 비행기 태워주고 같이 시장에도 데려가고 맛있는 것도 사주고는 했다. 아이들은 지나치게 돌발행동이 많았다. 그 돌발행동으로 인한

책임은 온전히 나의 몫이 되었다. 아이의 부모에게 한 번 크게 혼나고 나니 알게 된 게 있었다. 내가 상상했던 것 이상으로 아이들은 부모에게 소중한 보석이었다. 타인에게 빌린 캐럿 반지를 끼고 돌아다니기가 부담스러운 것처럼 아이들과 노는 일은 점점 어려운 일이 되었다.

여행지에서도 아이들과 마주쳤다. 무리를 지어 쫓아다니다가 자신들과 다른 색의 피부를 쿡쿡 찌르고 까르르 웃으며 도망을 다녔다. 조금 더 생활력이 있는 나라의 아이들은 본인의 사진을 찍으라고 한 뒤, 찍고 나면 돈을 요구했다. 자신이 파는 물건을 끝까지 사지 않으면 웃음기가 싹 가신 얼굴로 욕을 하는 아이들도 있었다.

그들은 우리 주변에 살아가는 아이들을 닮아 있었다. 엘리베이터를 타면서 이런 대화들을 주고받는 아이들.

"우리 부모님이 그러던데 몇 층에 사는 개는 우리랑 다르대. 전세래."

이런 회의적인 생각들로 점철된 나에게 아이들이 돈을 구걸했다. 고민하다 동전 지갑을 열었다. 그 순간이었다. 한 아이가 내 지갑을 바닥으로 내동댕이쳤다. 아이들은 몰려들어서 바닥에 떨어진 동전들을 정신없이 줍기 시작했다. 지갑이 수없이 밟혀 너덜거리는 모습을 보자니 더는 참을 수가 없었다. 알아듣던 말던 한국말로 소리쳤다.

"야! 너희 뭐 하는 거야? 안 꺼져?"

다들 정신 없이 동전을 줍다가 말고 벌을 서듯 일어난다. 예상하지 못한 반응이었다. 내가 소리 질러도 계속 동전을 주울 줄 알았다. 그러나 아이들은 겁에 질린 듯 작은 목소리로 말한다.

"쏘리……."

나는 지갑을 털고 투덜거리며 자리를 떴다. 되돌아보지 않았지만 아이들이 그 자리에 계속 서 있음을 느낄 수 있었다.

푸노의 티티카카 호수는 가장 높은 고도에 위치한 호수다. 배를 타고 들어가면 호수 변에 자라는 갈대로 집을 지어 살아가는 원주민들을 볼 수 있다. 이렇게 만들어진 게 물 위에 떠 있는 우로스섬이다. 배를 타서 보니 모두 님미 사람들이고 나 혼자 동양인인 듯했다. 직감적으로 알 수 있었다. '원주민들은 아마 나를 물주로 볼 것이다.' 역시나 그랬다. 물 위에 떠 있는 한 가정집을 방문하자 내 주위를 감싼다. 정말 돈이 뱃삯밖에 없던 나는 아무것도 사지 못했다. 모두가 식사를 하던 때도 나는 혼자 앉아 돌아갈 시간만 기다리고 있었다.

혼자 무료하게 앉아 있는데 갈색 얼굴의 페루 아이가 나에게 왔다. 초콜릿 아이스크림을 먹은 것인지, 초콜릿 바를 먹은 것인지 아이의 얼굴

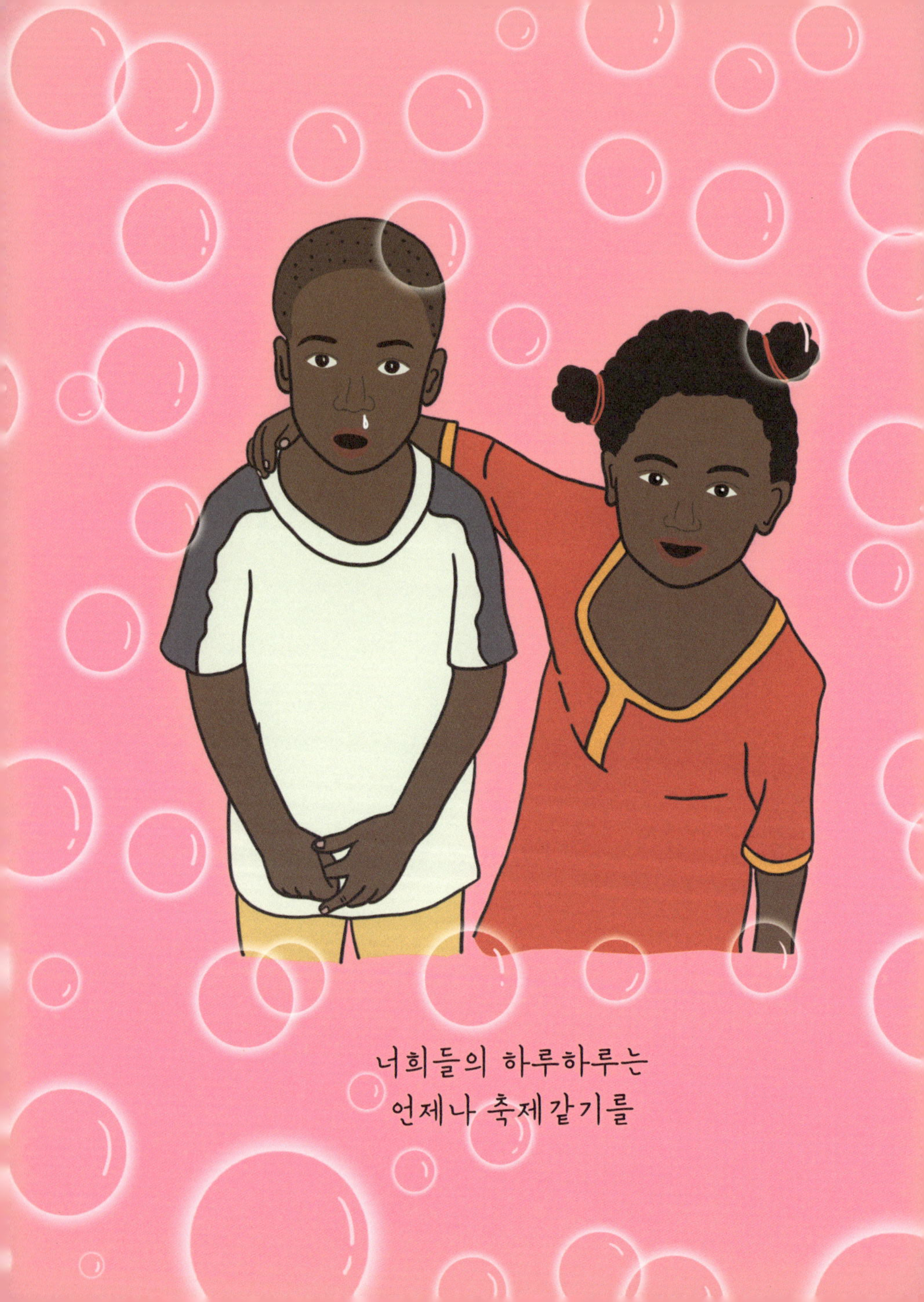
너희들의 하루하루는
언제나 축제 같기를

과 손이 초콜릿 범벅이었다. 내 피부색이 신기했는지 자꾸만 손을 뻗어 얼굴을 만지려고 했다. 내 얼굴에도 초콜릿이 점점 묻기 시작했다. '휴지가 없는데.' 그러나 피하지 않았다. 멀리서 식사하던 아이의 어머니가 놀라 뛰어오려 하기에 괜찮다는 표정을 지었다. 이제 나의 얼굴도 초콜릿 범벅이 되었지만 정말로 괜찮았다. 내가 소리를 질렀던 아이들에게 부채를 갚는 것 같았다.

테킬라(Tequila)

멕시코를 대표하는 테킬라. 알코올 농도는 35도에서 55도 정도이다. 멕시코에 서식하는 푸른 선인장(용설란)의 뿌리를 발효시켜 만들기 시작했다. 독하지만 특유의 유쾌한 향 덕분에 좋아하는 술 중의 하나. 레몬, 소금, 커피, 설탕 등을 함께 내온다. 기호에 따라 곁들여 먹으면 테킬라의 맛이 한층 부드러워진다. 고유의 향을 느끼기 위해선 스트레이트로 마시길 권한다.

와인(Vino)

칠레의 자연 환경은 포도를 재배하기에 이상적이다. 큰 일교차와 병충해에 강한 토양, 저렴한 노동력으로 가격 대비 품질이 우수한 와인을 생산하기에 적합하다. 실제로 칠레에선 국내 커피 값 정도로 질 좋은 와인을 마실 수 있다. 생산량 대비 수출 점유국 1위인 수출 주도형 와인 생산국이라, 오히려 질 좋은 칠레 와인은 국외에서 접하기가 쉽다고 한다.

마르가리타(Margarita)

한 바텐더가 자신의 죽은 연인을 위하여 처음 고안했다는 설이 있다. 테킬라를 베이스로 만든다. 테킬라, 오렌지 리큐어, 라임 주스 또는 레몬 주스로 구성된다. 잔 주위에 소금을 두르는 것이 특징이다. 짭조름한 소금과 새콤한 맛의 조화가 일품이다.

모히토(Mojito)

모히토는 쿠바 아바나의 대표적인 술이다. 어니스트 헤밍웨이가 사
랑한 칵테일로 유명하다. 럼(사탕수수 즙을 발효시켜 증류한 술)을
베이스로 한다. 라임 주스, 민트 잎, 소다수 등을 섞어 만든다. 럼의
양에 따라 도수가 달라지지만, 높아 봤자 애주가들에겐 음료수와 같
은 술이다. 달콤하고 청량한 맛을 가지고 있어 무알코올로도 즐겨
마신다.

피스코 사워(Pisco Sour)

페루의 술인 피스코(포도 증류주)에 레몬, 달걀흰자 등을 넣어서 만
든다. 부드러운 거품에 속아 한 잔, 두 잔 연거푸 마시다 보면 자리
에서 일어날 때 빙빙 도는 세상을 만날 것이다(피스코는 도수가 40
도가 넘는다).

치차(Chicha)

옥수수를 발효해서 만든 페루의 전통주이다. 옥수수로 만들었지만,
고운 자줏빛을 지닌 이유는 자주색 옥수수로 만들었기 때문이다. 술
로 분류하기도 민망한 2도에서 3도의 약한 술이다. 심지어 발효 과
정을 거치지 않고 만든 치차 모라다(Chicha Morada)는 알코올이 없
다. 애주가들은 술인 줄 알고 돈을 허비하는 일이 없도록 주의해야
할 것이다.

국위선양이
뭔가요?

친구가 어학연수를 가서 쓴 일기를 보았다. 친구에게 한 외국인이 추파를 던졌는데, 자신이 넘어가지 않자 "한국 여자들은 쉽게 넘어오던데 넌 의외"라는 말을 했다고. 그래서 한국 여성들은 절대 쉬운 여자들이 아님을 그에게 알려주고 왔고, 쉽게 몸을 놀리는 여성들에게 너희는 한국의 격조를 낮추고 있으니 그런 식으로 살지 말라는 경고를 담은 내용이었다.

다 큰 성인들이 국경을 넘어 몸을 섞는 게 왜 쉬운 여자가 되는 것인지, 쉬운 것이 왜 한국의 격조를 낮추는 것인지에 대한 궁금증은 차치하더라도, 그 분노의 방향이 이해가 되질 않았다. 본인이 듣기 싫어하는 '쉬운 한국 여자'라는 딱지는 그 덜떨어진 외국 남성이 붙인 것인데 말이다. 편견에 사로잡혀 남을 재단하는 남자보다 마음 맞는 사람과 쉽게 몸을 섞은 여자가 더 잘못한 것이 뭔지 아무리 생각해도 이해할 수가 없었다.

인내심이 별로 없던 나는 궁금한 점을 친구에게 물어보았으나 여전히 이해하기 어려운 답변만 듣게 되었다.

"당연히 한국 여자들의 잘못이 더 크지 않겠어? 우리 모두는 국위선양을 해야 하잖아."

여행 다니면서 만나는 일본인들은 대체로 친절했다. 적당히 사교적이면서도 굉장히 공손했다. 미토와 카오리도 마찬가지였다. 달의 계곡 투어에서 만나 우유니에 함께 가게 되었다. 누구나 미토와 카오리를 좋아했다. 몇 마디를 나눠보니 많은 청소년 드라마의 주인공처럼 어려운 환경 속에서 밝음을 잃지 않고 살아가는 이들이었다. 간호사로 일하던 그들은 한 병원에서 만나 친해졌다고 한다. 남미 여행에 대한 공통의 꿈을 발견한 뒤 함께 일을 그만뒀다고 했다. 미토는 털털하고 카오리는 섬세했으나 누군가의 이야기를 들을 때면 같은 표정이었다. 사람들의 이야기를 하나라도 놓칠까 혼신을 다해서 들어주는 것이었다. 게다가 적절한 리액션까지.

우유니로 가는 차 안에 아시아인은 우리 셋이었는데 두 일본인에게만 이목이 쏠렸다. 사람들은 이 친절한 동양인들을 가만히 두지 않았다. 일본이라는 나라를 씹어 먹겠다는 태도로 조금의 침묵이라도 흐르면 이들에게 질문을 해댔다. 친구가 말했던 국위선양의 예시가 있다면 바로 저들이겠거니 하는 생각도 들었다.

하지만 우유니로 향하는 길은 긴 여정이었다. 미토와 카오리도 대화에 지쳤던 모양인지 점퍼를 이마까지 올려 덮고 누가 봐도 취침 준비에 들어간 모양새였다. 모두 잠에 들었고 나는 그때쯤에 잠이 깼다. 덴마크 사람과 나만 깨어 있었다. 나는 이미 긴 여행으로 지쳐 있었고 덴마크 사람은 나에게 관심이 없음이 명백해 보였다.

드디어 고요하게 창밖 풍경을 즐길 수 있는 것인가 안심했다. 그러나 애석하게도 덴마크 사람은 침묵을 즐기지 못하는 사람이었다. 정말 궁금하지 않지만, 지금까지 떠들썩한 분위기를 이어가야 한다는 사명감이 있는 자처럼 어느 나라에서 왔느냐(이제서야!)고 물었다. 한국이라고 대답하니까 얼굴이 화색이 돈다. 작년에 그는 일본을 가는 도중 서울을 짧게 경유했다고 한다.

반가웠다. 지구 반대편이 분명한 이곳 볼리비아에서 서울을 방문해 본 덴마크 사람이라니. 드디어 나에게도 국위선양의 기회가 온 것일까. 사명감을 가지고 한국의 첫인상을 물어봤다.

"인천 공항에서 강남으로 가는 택시를 탔는데, 평생을 통틀어 가장 비싼 택시였어."

"얼마가 나왔는데?"

"이백 달러가량 나왔던 것 같아. 설마 그렇게 비싼 택시를 한국인들은 일상적으로 타고 다니는 것은 아니겠지?"

말도 안 되는 택시비를 들으니 그가 어떠한 일을 겪었는지 추측할 수 있었다.

"그럴 리가. 한국에서 택시를 타고 다니는 건 부자들이나 하는 짓이야."

"택시가 굉장히 많던데?"

"그럼. 한국은 부자들이 많거든."

"그렇군."

그는 새로 얻게 된 한국에 대한 정보들을 곱씹었다. 다소 미심쩍은 표
정이긴 했지만 상관없었다. 나의 한두 마디로 한국은 부자 나라가 되었
으니까.

넌 어디에서 왔니?
국적을 물어본다!
국위선양의 기회야!
강남 스타일!
김치! 불고기!
· · · · · ·
걍 지구인이에요 · · ·

우유니 소금 사막에서
다 이루다

난 우유니에 있었으니까.

우유니 소금 사막을 알게 된 것은 어느 여행가가 찍은 한 장의 사진을 보고 나서였다. 그걸 보며 저런 곳을 다니는 사람들의 인생이 어떤 의미를 갖고 있는지 생각해보았고, 죽기 전에 나도 꼭 한번 세계일주를 해보겠다고 다짐했다. 나이가 들면서 그 꿈에 대한 실현 가능성은 더욱 낮아 보였다. 살다 보니 그런 꿈을 품고 산 사람이었는지도 잊어버렸다. 그럼에도 나는 우유니를 한순간도 잊은 적이 없었다. 회사에서든 집에서든 내 모든 컴퓨터의 바탕화면은 우유니였다.

소금 사막으로 가는 코스는 칠레 아타카마에서 국경을 넘어 이박 삼일간 이동하는 것이었다. 비포장도로는 이미 아프리카에서 적응하여 힘들지 않았다. 다만 대부분 지역이 해발 오천 미터 이상의 고산지대라 코카 잎을 미친 듯이 먹어대며 거칠게 내쉬어야만 했다. 우유니에 다가가자 설렘을 느끼는 동시에 그 풍경에 실망할까봐 두려웠다. 물론 여행이 끝나 갈수록 생기는 불안감도 있었다.

여행을 떠나면서 많은 것을 잃었다. 이제 난 백수고 통장 잔고도 없고 보장된 미래도 없다. 여러 생각에 잠긴 채 야마처럼 코카 잎을 씹던 나에게 마지막 날 결국 우유니가 눈앞에 나타났다. 그것도 늘 상상해오던 하늘이 고스란히 다 비치는 우유니가 말이다.

이걸 바라보고 있으니 건방지게 '다 이루었다'는 생각이 든다. 진짜, 난 다 이뤘다. 중얼거리며 하늘을 걸었다. 이제는 그 누구도 미워하지 않고 그 누구도 부러워하지 않겠다. 난 우유니에 있었으니까.

#미움_질투_거짓
#이곳에서 다 녹아버리길

날개를 달고
돌아갈 시간

우기의 우유니는 거울처럼 하늘을 비추고 있었다.
그 위를 걷고 있자니 나에게 정말 날개가 달린 것 같았다.

우유니에서 라파스로 출발하는 야간 버스는 연일 매진이었다. 지금은 어떨지 모르겠으나 당시 우유니 시내는 휴대전화가 터지는 구간이 아니었기에 표를 구하지 못할수록 조급해졌다. 남편은 휴대전화가 삼 일 정도 안 되는 줄 알고 있을 텐데, 어느새 하루 하고 반나절이 더 지났다. 우유니 시내에 있는 인터넷 카페를 돌아다니며 남편에게 연락할 방도를 찾았다. 메일을 보냈으나 확인하지 않는 듯했다.

인터넷으로 무료 문자 메시지를 보낼 수 있다는 사이트가 떠올랐다.

부랴부랴 가입하고 남편에게 메시지를 보냈다. 한글이 써지지 않아 채팅 창에 테스트처럼 'Hey'로만 적었는데 단박에 'Who are you?'라는 답변이 온다. 잘하지도 못하는 영어를 빠르게 창에 쓰느라 애먹었을 모습이 떠올라 절로 웃음이 나왔다. 내 이름을 적자마자 남편의 메시지가 마치 음성처럼 들려오기 시작한다.

"아이고⋯⋯. 내가 얼마나 걱정했는지 아니."

너무나도 먼 나라 같은 볼리비아의 낡아빠진 컴퓨터로 남편의 메시지를 보니 눈물이 터져 나왔다. 연락이 잘 안 되는 나를 걱정하면서 잠을 이루지 못하지는 않았을까, 미안하기 그지없었다. 남편은 연락이 안 되는 동안 항공권 발권을 했던 여행사, 보험사, 온갖 곳에 전화를 돌리며 걱정을 했다고 한다. 여행사에서는 이곳이 본래 휴대전화가 잘 터지지 않고 성수기이기에 쉽게 이동이 어려웠을 것이라며 하루만 더 기다려보자고 타일렀다고. 덕분에 진정됐다고 한다.

남편과 연애하던 시절, 나는 종종 결혼 생활을 상상해보는 것을 좋아했다. 예를 들면 다음과 같은 상황 설정이다.

"내가 갑자기 하고 싶은 공부가 있다면서 파리로 유학을 가겠다고 우겨. 그럼 오빠는 어쩔 거야?"

남편은 늘 이렇게 대답했다.

"나는 네가 열심히 공부하는 모습, 또는 에펠탑이 보이는 곳에서 맥주를 마시며 쉬는 모습을 상상하며 행복하게 지내는 거지."

그때마다 무슨 대답을 그렇게 비현실적으로 하냐며 핀잔을 줬으나 내심 기분은 좋았다. 상상 속에서나마 나는 파리에 갈 수 있었으니까. 남편은 믿지 못하는 나에게 늘 말했다.

"결혼을 한다고 네 꿈을 접어야 하는 게 아니라니까. 나는 네 꿈을 위해 날개를 달아줄 거라니까."

그리고 정말 나는 우유니 소금 사막을 보고 왔다. 우기의 우유니는 거울처럼 하늘을 비추고 있었다. 그 위를 걷고 있자니 나에게 정말 날개가 달린 것 같았다. 남편에게 말해주고 싶었다. 연애할 때, 날개를 달아주겠다던 그 약속을 정말 지켜줬다고. 그러나 그곳의 컴퓨터는 한글이 지원되질 않았다. 그저 채팅 창에 연신 'Happy'만 타이핑하며, 우유니에서 찾은 내 행복이 남편에게 전해지길 바랐다.

해당 페이지는 일일 HAPPY
트레픽 초과로 차단되었습니다.
HAPPY
10 COMBO!

여행지에서 넘어져도
길을 잃어도

남편과 부둥켜안고 재회의 기쁨을 나눴다. 여행담을 풀어놓느라 목이 쉴 지경이었다. 여하튼 그리운 한식을 먹고 가족들을 만나니 감동으로 목이 메었다. 그러나 그 감동은 오래가지 않았다. 며칠이 지나자 여행은 언제 그랬냐는 듯 나에게서 발자취를 감춰버렸다.

내 삶은 전혀 변한 게 없었다. 어쩌나 그렇게 모든 것이 그대로인지 야속할 지경이었다. 여행을 다녀오면 타인의 시선 따위 신경 쓰지 않고 쿨하게 살게 될 줄 알았다. 66 사이즈지만 쫄티를 입고, 백수지만 당당하게 다니고, 생활에서도 여행자처럼 다니는 그런 삶 말이다. 그러나 나는 다이어트를 위해 요가 학원을 등록했고, 다시 사회로 돌아가기 위하여 토익 학원을 끊었으며, 여행 전에 그랬던 것처럼 늘 다니던 길로만 다녔다. 삼십 년 가까이 공고하게 쌓아온 나라는 인간이 반년의 여행 경험으로 드라마틱하게 바뀌지는 않았다.

그러나 이건 바뀌었다. 나는 이제 마음껏 방황할 수 있다. 날씨 좋은 날 이어폰을 끼고 걷고 싶은 길로 쭉쭉 걸어 나간다. 어느 방향에 유적지가 있는지 확인만 하면 된다. 걷다 보면 도착하겠지. 힘들면 맛있어 보이는 음식점에 들어가 맥주 한잔 마시면 그만이다. 골목 사이사이에 있는 책방, 과일 가게, 빵집도 면밀히 구경한다. 이러다 언제 도착하려고 그러냐며 재촉하는 사람도 없다.

아무리 걸어도 유적지가 보이지 않아 다시 지도를 펴고 위치를 확인한다. 다른 골목으로 들어서서 한참을 걸어왔지만 괜찮다. 그곳은 내일 보기로 하고 오늘은 이 근처에서 가까운 유적지를 보기로 한다. 갑자기 계획을 바꾸면 어떡하냐고 아무도 핀잔을 주지 않는다. 골목 사이로 깊이 들어가지 않고는 찾을 수 없는 화방을 발견했다. 방황하지 않으면 찾을 수 없는 보석 같은 날들이 우리 삶에는 가득하다.

나는 식물을 키우는 족족 죽이는 엄청난 손을 가지고 있다. 모두 나의 게으름을 타박했지만 아무리 생각해도 이해할 수 없었다. 분명 정해진 시간에 적당한 물을 줬으니까. 반면 엄마는 남들이 죽이고 간 화초마저 살려 놓으셨다. 내가 아주 어릴 때부터 키우던 나무들이 지금까지 나이테를 늘려 가고 있기도 한다. 푸릇푸릇한 나뭇잎을 보며 비결을 물으니 난감한 표정이시다.

"글쎄, 특별한 방법이 없어……. 그저 자주 들여다봐주는 수밖에."

엄마 말이 맞다. 자주 들여다보는 수밖에. 시들어 가는 삶도, 여행의 기억도 자주 들여다봐주는 수밖에. 여행이 나의 삶에서 희미해져 가더라도 지워지지 않는 순간들이 있다. 김밥을 먹으면 엘 칼라파테 모레노 빙하 앞 벤치에서 먹었던 그 맛이 떠오른다. 맥주를 마실 때면 나이를 속이며 즐겼던 뮌헨의 옥토버페스트가 떠오른다. 길을 잃고 헤맬 때면 페스의 구천여 개 골목이 떠오른다. 별을 볼 때면 푼타아레나스의 UFO가 떠오른다. 삼겹살을 보면 할슈타트가 떠오르고, 봄을 품은 바람이 불어오기 시작하면 이과수 폭포가 떠오르는 것이다. 이 순간을 환기하면 나는 나를 들여다볼 수 있었다.

모든 이에게 여행을 권하고 싶지는 않다. 여행은 돈과 시간을 소비해야 가능한 일이니까. 그러나 정해진 시간에 일어나 출근하고, 열심히 일하고, 삼시 세끼 모두 챙겨 먹고, 친구를 만나고, 취미도 즐기는데 자꾸만 내 자신이 시들고 있다고 느껴지는 순간이 있다. 제때 물을 주는데도 시들어 가는 식물처럼. 그렇게 삶이 무력해지고 생기를 잃어 갈 때 혼자 여행을 떠나보는 것은 어떨까. 여행지에서 넘어져도, 길을 잃어도, 계획이 어그러져도, 사치를 부려도 아마 모든 게 괜찮을 것이다.

결국 그 길 위에서 우리는 조금씩 푸르러질 테니까.

자꾸만 시들어 간다면
지금이 바로 여행이 필요한 때

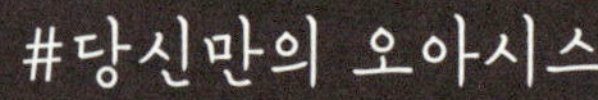
#당신만의 오아시스

**혼자 떠나도
괜찮을까?**

ⓒ 황가람 2018

2018년 5월 25일 초판 1쇄 발행
2018년 7월 25일 초판 2쇄 발행

지은이 | 황가람
발행인 | 이원주
책임편집 | 이혜인
책임마케팅 | 이재성

발행처 | (주)시공사
출판등록 | 1989년 5월 10일(제3-248호)

주소 | 서울시 서초구 사임당로 82(우편번호 06641)
전화 | 편집(02)2046-2898 · 마케팅(02)2046-2877
팩스 | 편집 · 마케팅(02)585-1755
홈페이지 | www.sigongsa.com

ISBN 978-89-527-9073-6   13980

이 도서의 국립중앙도서관 출판예정도서목록(CIP)은 서지정보유통지원시스템
홈페이지(http://seoji.nl.go.kr)와 국가자료공동목록시스템(http://www.nl.go.kr/kolisnet)에서
이용하실 수 있습니다. (CIP제어번호: CIP2018014929)